粤知丛书

广东省重点产业专利导航集：
技术篇

广东省知识产权保护中心　组织编写

知识产权出版社
全国百佳图书出版单位
——北京——

图书在版编目（CIP）数据

广东省重点产业专利导航集. 技术篇/广东省知识产权保护中心组织编写. —北京：知识产权出版社，2024.5

ISBN 978-7-5130-9102-2

Ⅰ. ①广… Ⅱ. ①广… Ⅲ. ①专利—研究—广东 Ⅳ. ①G306.72

中国国家版本馆 CIP 数据核字（2024）第 008837 号

内容提要

本书聚焦广东省重点产业技术发展情况和专利现状，结合区域发展情况和企业发展特点，对广东省重点产业的专利情况进行分析，以明晰广东省重点产业技术及专利的优势和不足，发挥知识产权信息分析对产业运行决策及企业经营决策的引导作用，强化产业或企业竞争力的专利支撑，提升产业创新驱动发展能力，围绕广东省高端创新团队重点研究方向（包括氢能源、新冠肺炎治疗药物、非充气轮胎）分别进行专利导航研究，涵盖各产业的技术发展情况、发明人图谱、结论建议等。

责任编辑：张利萍	责任校对：潘凤越
封面设计：杨杨工作室·张 冀	责任印制：刘译文

广东省重点产业专利导航集：技术篇

广东省知识产权保护中心　组织编写

出版发行：知识产权出版社有限责任公司	网　　址：http://www.ipph.cn
社　　址：北京市海淀区气象路 50 号院	邮　　编：100081
责编电话：010-82000860 转 8387	责编邮箱：65109211@qq.com
发行电话：010-82000860 转 8101/8102	发行传真：010-82000893/82005070/82000270
印　　刷：北京九州迅驰传媒文化有限公司	经　　销：新华书店、各大网上书店及相关专业书店
开　　本：787mm×1092mm 1/16	印　　张：10
版　　次：2024 年 5 月第 1 版	印　　次：2024 年 5 月第 1 次印刷
字　　数：200 千字	定　　价：98.00 元

ISBN 978-7-5130-9102-2

出版权专有　侵权必究

如有印装质量问题，本社负责调换。

"粤知丛书"编辑委员会

主　任：邱庄胜
副主任：刘建新
编　委：廖汉生　耿丹丹　吕天帅　陈宇萍　陈　蕾
　　　　魏庆华　岑　波　黄少晖　熊培新

本书作者

作　者：赵秋芬　田丽娟　曾小青　苏颖君　岳梓洋

丛书序言

我国正处在一个非常重要的历史交汇点上。我国已经实现全面小康，进入全面建设社会主义现代化国家的新发展阶段；我国已胜利完成"十三五"规划目标，正在系统擘画"十四五"甚至更长远的宏伟蓝图；改革开放40年后再出发，迈出新步伐；"两个一百年"奋斗目标在此时此刻接续推进；在世界发生百年未有之大变局背景下，如何把握中华民族伟大复兴战略全局，是摆在我们面前的历史性课题。

改革开放以来，伴随着经济的腾飞、科技的进步，广东省的知识产权事业蓬勃发展。特别是党的十八大以来，广东省深入学习贯彻习近平总书记关于知识产权的重要论述，认真贯彻落实党中央和国务院重大决策部署，深入实施知识产权战略，加快知识产权强省建设，有效发挥知识产权制度作用，为高质量发展提供有力支撑，为丰富"中国特色知识产权发展之路"的内涵提供广东省的实践探索。

2020年10月，习近平总书记在广东省考察时强调，"以更大魄力、在更高起点上推进改革开放"，"在全面建设社会主义现代化国家新征程中走在全国前列、创造新的辉煌"。2020年11月，习近平总书记在中共中央政治局第25次集体学习时发表重要讲话，强调"全面建设社会主义现代化国家，必须从国家战略高度和进入新发展阶段的要求出发，全面加强知识产权保护工作，促进建设现代化经济体系，激发全社会创新活力，推动构建新发展格局"。2021年9月，中共中央、国务院印发《知识产权强国建设纲要（2021—2035年）》，描绘出我国加快建设知识产权强国的宏伟蓝图。这是广东省知识产权事业发展的重要历史交汇点！

2018年10月，广东省委省政府批准成立广东省知识产权保护中心（以下简称保护中心）。自成立以来，面对新形势、新任务、新要求和新机遇，保护中心坚持以服务自主创新为主线，以强化知识产权协同保护和优化知识产权公共服务为重点，着力支撑创新主体掌握自主知识产权，着力支撑重点产业提升核心竞争力，着力支撑全社会营造良好营商环境，围绕建设高质量审查和布局通道、高标准协同保护和维权网络、高效率运营和转化平台、高水平信息和智力资源服务基础等重大任务，在打通创造、保护、运用、管理和服务全链条，构建专业化公共服务与市场化增值服务相结合的新机制，建设高端知识产权智库，打造国内领先、具有国际影响力的知识产权服务品牌，探索知识产权服务高质量发展新路径等方面大胆实践，力争为贯彻新发展理念、构建新发展格局、推动高质量发展提供有力保障。

保护中心致力于知识产权重大战略问题研究，鼓励支持本单位业务骨干特别是年轻的业务骨干，围绕党中央和国务院重大决策部署，紧密联系广东省知识产权发展实际，深入开展调查研究，认真编撰调研报告。保护中心组织力量将逐步对这些研究成果结集汇编，以"粤知丛书"综合性系列出版物形式公开出版，主要内容包括学术研究专著、海外著作编译、研究报告、学术教材、工具指南等，覆盖知识产权方面的政策法规、战略举措、创新动态、产业导航、行业观察等，旨在为产业界、科技界及时掌握知识产权理论和实践最新动态提供支持，为社会公众全面准确解读知识产权专业信息提供指南，并持之以恒地为全国知识产权事业改革发展贡献广东智慧和力量。

由于时间仓促，研究能力所限，书中难免存在疏漏和偏差，敬请各位专家和广大读者批评指正！

广东省知识产权保护中心
"粤知丛书"编辑部
2024 年 4 月

本书前言

随着全球化的深入和知识经济的发展，知识产权已经成为各个国家和地区参与国际竞争的一大利器。而专利信息研究对产业发展具有深远的指导性意义。它不仅仅是研究技术进步的晴雨表，同时也是企业决策和产业政策制定的重要依据。从行业和政府的角度看，专利信息研究是评估国家或地区产业技术创新能力的重要工具。政府可以依据专利数据的分析结果，判断技术创新的活跃度，识别科技发展的热点领域和潜力领域，从而制定科技政策，优化产业结构，推动高质量发展。对企业而言，专利信息研究能提供关于技术发展的前瞻性知识。企业可以通过分析特定技术领域的专利申请和授权状况，洞察行业趋势和技术演进的轨迹。这对于确保企业研发的方向与市场需求保持同步，以及避免在技术瓶颈和法律风险上投入不必要的资源至关重要。此外，专利信息研究还能为产业转型升级提供支撑。当前，许多产业面临着从低端向中高端跃升的需求，通过专利布局的分析，政府和企业能够认清技术升级的路径，促进传统产业的升级和新兴产业的培养。

广东省作为我国经济大省之一，一直是中国经济发展的前沿阵地。其地区生产总值连续多年位居全国省份之首，是改革开放最早的试验区之一，拥有强大的制造业基地和活跃的外贸经济。2020年，《广东省人民政府关于培育发展战略性支柱产业集群和战略性新兴产业集群的意见》发布，要求瞄准国际先进水平落实"强核""立柱""强链""优化布局""品质""培土"六大工程，打好产业基础高级化和产业链现代化攻坚战，重点发展十大战略性支柱产业集群和十大战略性新兴产业集群，到2025年，培育若干具有全球竞争力的产业集群，打造产业高质量发展典范，并明确提出要积极推动集群企业开展高价值专利培育布局，强化知识产权保护与产业化应用。

广东省知识产权保护中心聚焦于广东省重点产业的技术发展情况和专利现状，结合区域发展情况和企业发展特点，对广东省市重点产业的专利信息进行了研究。本套书分为产业篇、地域篇、技术篇三册。本书为技术篇，对氢能源、新冠肺炎治疗药物、非充气轮胎三个新兴高科技技术进行了专利态势分析，为从事相关技术研究的创新主体提供了布局建议。

通过对以上广东省新兴高科技技术进行研究，以明晰广东省重点产业技术及专利的优势和不足，发挥知识产权信息分析对产业运行决策及企业经营决策的引导作用，为广东省重点产业或企业的竞争力提供专利支撑，从而提升产业创新驱动发展能力。

本书编写组

2024 年 4 月

CONTENTS 目录

佛山市氢能源产业专利布局报告 // 001

第1章 氢能源产业概述 …………………………………………………… 003
  1.1 氢能源概述 / 003
  1.2 氢能源产业链分析 / 005
  1.3 氢燃料电池定义 / 006

第2章 氢能源政策环境与市场环境 ……………………………………… 009
  2.1 全球氢能产业前景 / 009
  2.2 主要国家/地区现状 / 009
  2.3 政策环境 / 015

第3章 氢能源产业相关公司调查 ………………………………………… 025
  3.1 制氢设备 / 026
  3.2 氢储运设备 / 028
  3.3 氢加注设备 / 032
  3.4 燃料电池动力系统 / 033

第4章 氢能源产业市场发展 ……………………………………………… 037

第5章 氢能源产业专利布局分析 ………………………………………… 038
  5.1 专利申请趋势分析 / 038
  5.2 专利申请地域分析 / 040
  5.3 专利申请人分析 / 042
  5.4 专利技术构成分析 / 046

第6章 质子交换膜领域专利布局分析 …………………………………… 048
  6.1 专利申请趋势分析 / 048
  6.2 专利技术原创地分析 / 050
  6.3 专利技术市场地分析 / 051

6.4 专利申请人分析 / 052

6.5 专利技术构成分析 / 054

第7章 电堆领域专利布局分析 ·········· 056

7.1 专利申请趋势分析 / 056

7.2 专利技术原创地分析 / 058

7.3 专利技术市场地分析 / 059

7.4 专利申请人分析 / 059

7.5 专利技术构成分析 / 062

第8章 催化剂领域专利布局分析 ·········· 063

8.1 专利申请趋势分析 / 063

8.2 专利技术原创地分析 / 065

8.3 专利技术市场地分析 / 066

8.4 专利申请人分析 / 067

8.5 专利技术构成分析 / 069

第9章 总结与建议 ·········· 070

9.1 产业布局结构优化 / 070

9.2 企业引进整合培育 / 071

9.3 技术创新引进提升 / 073

9.4 创新人才引进培养 / 074

9.5 专利协同创新与运营管理 / 074

新冠肺炎治疗药物专利分析报告 // 077

第1章 新冠肺炎治疗药物研究概述 ·········· 079

1.1 新型冠状病毒简介 / 079

1.2 新型冠状病毒的防治 / 080

1.3 新冠药物的研制现状和效果 / 081

1.4 小分子药物的研制进展 / 081

第2章 专利检索方法概述 ·········· 084

2.1 数据来源 / 084

2.2 检索策略 / 084

2.3 检索范围 / 084

2.4 检索结果处理 / 084

目 录

  2.5 相关事项说明 / 085

第3章 新冠肺炎治疗药物全球专利分析 ·· 087
  3.1 全球专利来源分析 / 087
  3.2 全球专利技术构成 / 088
  3.3 全球专利主要申请人 / 089

第4章 新冠肺炎治疗药物中国专利分析 ·· 090
  4.1 中国专利技术构成 / 090
  4.2 中国专利省市分布 / 090
  4.3 中国专利主要申请人 / 091

第5章 重点专利分析 ·· 093
  5.1 3C样丝氨酸蛋白酶药物研究情况 / 093
  5.2 重点申请人药物研究情况 / 095

第6章 结 论 ··· 100

非充气轮胎专利布局报告 // 101

第1章 非充气轮胎的应用现状分析 ·· 103
  1.1 非充气轮胎简介 / 103
  1.2 非充气轮胎在汽车设计和制造技术的应用发展 / 103

第2章 非充气轮胎产业专利态势分析 ··· 110
  2.1 检索及技术分支简介 / 110
  2.2 非充气轮胎全球分析 / 110
  2.3 中国专利申请状况分析 / 115

第3章 国内外重点企业专利布局分析 ··· 118
  3.1 米其林公司非充气轮胎全球专利布局 / 118
  3.2 米其林公司非充气轮胎中国专利布局 / 130
  3.3 季华实验室非充气轮胎专利布局分析 / 137
  3.4 山东玲珑轮胎股份有限公司非充气轮胎专利布局分析 / 139
  3.5 国内外重点创新主体非充气轮胎专利布局差异性对比分析 / 142

第4章 非充气轮胎专利布局建议及意见 ·· 146

佛山市氢能源产业专利布局报告

田丽娟　郑少金　孙　璁
苏颖君　王在竹　曾庆婷

广东省知识产权保护中心

氢能源是一种绿色高效的二次能源，具有来源广、燃烧热值高、清洁无污染、与多种能源便捷转换等优点，是未来清洁能源的重要组成部分；同时氢能也是未来国家能源体系的重要组成部分，是用能终端实现绿色低碳转型的重要载体，是战略性新兴产业和未来产业的重点发展方向。发展氢能对保障国家能源安全、促进能源清洁转型、实现绿色"双碳"目标、推动相关新兴产业发展具有重要意义。

从全球来看，作为重要技术创新方向的氢燃料电池汽车正逐步成为氢能源大规模商业化应用的重要领域，随着燃料电池技术的不断完善，氢能源的清洁利用将得到最大限度发挥。从短期来看，我国氢能供应链、产业体系和政策制度环境将逐步完善，助力工业绿色转型。长期而言，随着氢能技术加速攻关、制氢结构不断优化、基础设施逐步完善，用氢成本将大幅下降，进而推动氢能在氢燃料电池等更多应用场景的逐步渗透。

第1章　氢能源产业概述

1.1 氢能源概述

氢（H），在元素周期表中排名第一，是地球的重要组成元素，也是宇宙中最常见的物质。氢主要以化合态的形式出现，通常的单质形态是氢气（H_2），在常温常压下，氢气是一种极易燃烧、无色透明、无臭无味的气体，也是世界上已知的密度最小的气体，氢气的密度只有空气的1/14。

1. 氢能源的特点

氢能源是一种新型能源，与传统化石燃料相比，具有零污染、利用率高、危险系数小等优点，在全球应对气候变化的压力下以及各国加速能源转型的战略背景下，具有巨大的发展潜力，氢能源的具体特点如下。

（1）来源丰富。氢能源的来源有煤炭、石油、天然气等化石能源重整制氢，可以通过生物质热裂解或微生物发酵等途径制氢，或者是利用焦化、氯碱、钢铁、冶金等工业副产气制氢，也可利用电解水制氢等。目前，95%以上的氢能源源于化石能源，而源于可再生能源、生物质气化、核能等的氢能源还非常有限。但有预测表明，2025年全球能源需求中可再生能源比重会提升至36%，其中氢能源占可再生能源的11%，未来可再生能源比重将会继续提升，氢能源占可再生能源的比重也会处于更高的地位。

（2）清洁低碳。氢能源不论是用于燃烧还是通过燃料电池电化学反应，产物都只有水，没有传统能源利用所产生的污染物及碳排放。此外，生成的水还可以继续制氢，反复循环使用，真正实现低碳甚至零碳排放，有效缓解温室效应和环境污染。

（3）灵活高效。氢热值高（140.4MJ/kg），是同质量焦炭、石油等化石燃料热值的3~4倍，通过燃料电池可实现综合转化效率90%以上。氢能源可成为连接不同能源形式（气、电、热等）的桥梁，并与电力系统互补协同，是跨能源网络协同优化的理想互联媒介。

（4）应用场景多。氢能源可广泛应用于能源、交通运输、工业以及建筑等领域。既可以直接为炼化、钢铁、冶金等行业提供高效原料、还原剂和高品质的热源，有效减少碳排放；也可以通过将燃料电池技术应用于汽车、轨道交通、船舶等领域，降低长距离高负荷交通对石油和天然气的依赖；还可以应用于分布式发电，为家庭住宅、商业建筑等供电供暖。

2. 氢能源的安全

氢气具有燃点低、爆炸区间范围宽和扩散系数大等特点，长期以来被作为危化品管理。氢气是已知密度最小的气体，远低于空气，扩散系数是汽油的12倍，发生泄漏后极易消散，不容易形成可爆炸气雾，爆炸下限浓度远高于汽油和天然气，具体如表1-1所示。因此，在开放空间，安全是可控的。氢气在不同形式受限空间中，如隧道、地下停车场的泄漏扩散规律仍有待深入研究。

表1-1　氢气与汽油蒸汽、天然气的性质比较

技术指标	氢气	汽油蒸汽	天然气
爆炸极限/%	4.1~75	1.4~7.6	5.3~15
燃烧点能量/MJ	0.02	0.2	0.29
扩散系数/（m²/s）	6.11×10^5	0.55×10^5	1.61×10^5
能量密度/（MJ/kg）	143	44	42

数据来源：中国氢能联盟。

氢气作为工业气体已有很长的使用历史。目前，化石能源重整是全球主流的制氢方法，具备成熟的工艺和完善的国家标准规范，涵盖材料、设备以及系统技术等内容。电解水制氢技术历经百年发展，在系统安全、电气安全、设备安全等方面也已经形成了完善的设计标准体系和管理规范，涵盖氢气站、系统技术、供配电系统规范等内容。《压力型水电解制氢系统技术条件》和《压力型水电解制氢系统安全技术要求》等规范即将颁布。

现阶段，氢气储运方式以长管拖车为主，从充装到运输，都配有完善的安全装置和详细的操作规范。除储存容器有国家严格规范外，在过温报警、起火防护、过压保护、过流保护、氢气泄漏监控等方面也有同步防护措施以确保安全。工业实践中，需要选择合格的材料以避免可能因"氢腐蚀"和"氢脆"产生的安全风险。目前，我国车用的储氢瓶都选用铝内胆碳纤维缠绕，燃料运输管道采用不锈钢材质，均具有良好的抗"氢脆"性能。

加氢站是构建氢能源产业链的重要环节。全球已经有十多个国家制定了加氢站标准，美国、日本更是将液氢站纳入其中。我国于2010年颁布了《加氢站技术规范》，对于站址选择、加氢工艺及设施、消防与安全设施、电气装置、施工、安装和验收、氢气系统运行管理等方面设置了严格的规范要求。

燃料电池车是氢能源较为常见的终端应用，主要涉及车载供氢系统的安全性和车辆的安全性。美国、日本以及我国就车载供氢系统均有专门技术要求，不仅规定了压力等级，同时也涵盖了应力、腐蚀、泄漏、振动等规范以及极端条件下的安全测试，以保证供氢系统的安全运行。燃料电池车的设计和运行中，对储氢瓶材料选择、储氢罐保护、氢系统管路、燃气管设计等关键环节从技术设计和材料选用上双管齐下，并辅以严格的性能测试与密切的氢气监控体系，确保整车安全。相关测试表明，与燃油车和纯电动车相比，燃料电池车在事故和极端试验环境下，发生爆炸的可能性更低，安全系数相对更高。

明确氢的危险性，对氢安全事故后果及预防展开基础研究，从而为相关标准和法规的制定提供可靠依据，是氢能技术可持续发展和应用的重要保障。一直以来，氢安全备受政府重视。中国现有全国氢能标准化技术委员会、全国燃料电池及液流电池标准化技术委员会、全国气瓶标准化技术委员会等多个标准化机构，长期致力于氢气应用链各个环节的安全技术标准研制工作。目前，中国已制定涵盖氢在制备、提纯、储存、运输、加注、燃料电池应用等各环节的国家技术标准86项，行业标准40多项，地方标准5项。除标准体系技术规范建设外，国内外氢能应用的实践也为氢的安全保障工作积累了丰富的经验。

1.2 氢能源产业链分析

在能源短缺和环境恶化两大困境的威胁下，可持续清洁能源的开发日益迫切。传统能源中80%以上都被用作能量载体为交通运输业、工业和电力行业提供能量，如果将这部分消耗的化石能源用可持续清洁能源替代，能源和环境问题都将迎刃而解，而正处于产业化导入期的氢能源无疑是最好的选择。

氢能源是一种绿色、高效的二次能源，具有热值较高、储量丰富、来源多样、应用广泛、利用形式多等特点。

经过多年的发展，氢能源产业链逐渐完善，如图1-1所示，氢能源产业的上游是氢气的制备，主要的技术方式有传统能源的热化学重整、电解水和光解水；中游是氢气的储运环节，主要的技术方式包括低温液态、高压气态和固体材料储氢；下游是氢气的应用，氢气应用可以渗透到传统能源的各个方面，包括交通运输、工业燃料、发电等，主要技术是直接燃烧和燃料电池技术[1]。

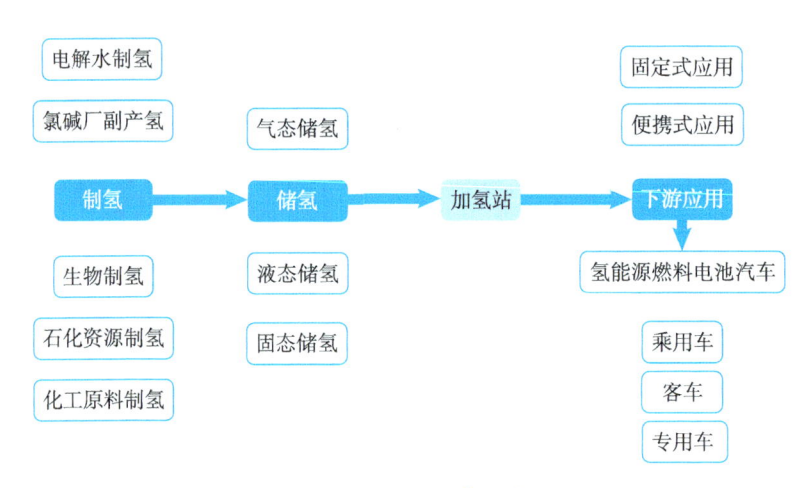

图 1-1 氢能源产业链

1.3 氢燃料电池定义

氢燃料电池是将氢气和氧气的化学能直接转换成电能的发电装置。其基本原理是电解水的逆反应，把氢和氧分别供给阳极和阴极，氢通过阳极向外扩散和电解质发生反应后，放出电子通过外部的负载到达阴极。氢燃料电池由于其燃料气来源丰富、效率高、无噪声、无污染的优点，将在未来为节能和保护生态环境做出巨大贡献，是目前各个国家重点进行研究的发电技术。

燃料电池主要问题有：成本高、循环衰减性能差、加氢站建设不足、大规模使用时的氢能来源不足等。

氢燃料电池本质上是一个电化学反应的发电装置，而锂电池是储能装置。燃料电池可解决锂电池里程焦虑，目前常用的磷酸铁锂电池的能量密度大概为120Wh/kg，三元材料大概为180Wh/kg，远期计划通过石墨烯或者纳米技术，可以将锂电池能量密度提高到300Wh/kg以上。而目前燃料电池系统能量密度已经达到350Wh/kg以上，且锂电池充电时间长，而燃料电池充氢时间短，增压压力足够，一般单次加氢5min内，相对于锂电池具有非常明显的优势。

氢燃料电池是一种非燃烧过程的能量转换装置，通过电化学反应将阳极的氢气和阴极的氧气（空气）的化学能转化为电能。氢燃料电池发电不受卡诺循环的限制，发电效率可以达到50%以上，若实现热电联供，氢燃料的总利用率可高达80%以上；氢燃料电池装置不含或含有很少的运动部件，运行安静，较少需要维修；电化学反应清洁、完全，产物对环境无污染。

如表1-2所示，依据氢燃料电池的电解质的不同，将燃料电池分为碱性燃料电池

(AFC)、磷酸型燃料电池（PAFC）、熔融碳酸盐燃料电池（MCFC）、固体氧化物燃料电池（SOFC）及质子交换膜燃料电池（PEMFC）等。其中，磷酸型、固体氧化物和熔融碳酸盐因运行温度较高（高于100℃）、启动时间长（超过1h），不适用于汽车领域。质子交换膜燃料电池（PEMFC）和固体氧化物燃料电池（SOFC）是最主要的两种技术路线。其中，质子交换膜燃料电池（PEMFC）由于工作温度低、启动快、比功率高等优点，非常适合应用于交通和固定式电源领域，逐步成为现阶段国内外主流应用技术；固体氧化物燃料电池（SOFC）具有氢燃料适应性广、能量转换效率高、全固态、模块化组装、零污染等优点，常用于大型集中供电、中型分布式发电和小型家用热电联用领域。

表1-2 燃料电池参数对比

	碱性燃料电池	磷酸型燃料电池	固体氧化物燃料电池	熔融碳酸盐燃料电池	质子交换膜燃料电池
简称	AFC	PAFC	SOFC	MCFC	PEMFC
电解质	KOH	磷酸	YSZ	Li_2CO_3-K_2CO_3	含氟质子膜
电解质形态	液态	液态	固态	液态	固态
阳极	Pt/Ni	Pt/C	Ni/YSZ	Ni/Al、Ni/Cr	Pt/C
阴极	Pt/Ag	Pt/C	Sr/$LaMnO_3$	Li/NiO	Pt/C
燃料种类	H_2	H_2、天然气	H_2、天然气、沼气	H_2、天然气、沼气	H_2、甲醇、天然气
工作温度 /℃	50~200	150~220	900~1050	约650	60~80
比功率 /（W/kg）	35~105	100~200	15~20	30~40	300~750
功率密度/（W/cm^2）	0.5	0.1	0.3	0.2	1.2
启动时间	几分钟	2~4h	>11h	>10h	几分钟
代表公司	AFC Energy、AkzoNobel	富士电机	Westinghouse	Fuel Cell Energy	Balard
主要应用领域	航天，机动车	洁净电站，轻便电源	洁净电站，联合循环发电	洁净电站	机动车，洁净电站，潜艇，便携电源，航天

如表1-3所示，以质子交换膜燃料电池为例，质子交换膜燃料电池系统由电堆构成，还需配备氢气供给系统（循环泵）、空气供给（空压机）、发动机附件等，成本占比分别为62%、4%、14%、13%。

电堆主要由膜电极组件和双极板构成，其中，膜电极组件由质子交换膜、催化剂与气体扩散层组合而成。膜电极是化学反应的场所，双极板的作用是通过流道将燃料（氢）和氧化剂（氧）均匀供应给电极进行电化学反应，收集单节电池上电化学产生的电流，并将单节电池依次连接组成电堆。

所以，在膜电极上发生的化学反应流程是：

首先，阳极上的氢气（H_2）通过阳极气体流场，达到催化层，与催化剂（铂Pt）催化分解为两个质子H^+和两个电子，称为阳极氧化过程。

其次，电子通过外电路，形成电流，并到达阴极；而H^+通过质子交换膜到达阴极。

最后，阴极上，H^+、电子与空气在阴极催化剂的作用下，发生阴极还原，生成产物只有水。

此外，值得注意的是，随着生产规模的扩大，电堆成本结构会发生变化。在生产规模较小时，电堆成本占比较高的依次是：催化剂（26%）>气体扩散层（21%）>双极板（18%）>质子交换膜（17%）；而当生产规模扩大时，例如生产规模超过50万套电堆时，催化剂的成本显著升高，占比达41%，其次是双极板（28%）。所以，催化剂是其中较为刚性的成本支出。

表1-3 质子交换膜燃料电池系统构成

燃料电池系统	发动机附件	增湿器
		传感器
	空气供给系统	空气过滤器
		空压机
	燃料电池电堆	电堆附件
		膜电极
		双极板
	氢气供给系统	氢气喷射器
		氢气循环泵
	冷却系统	硬件
		软件

第2章 氢能源政策环境与市场环境

2.1 全球氢能产业前景

根据国际氢能委员会（Hydrogen Council）预测，到2050年，氢能将创造3000万个工作岗位，减少60亿吨二氧化碳排放，创造2.5万亿美元氢能产值，在全球能源中所占比重有望达到18%。

在减少碳排放、保障能源安全、促进经济增长等因素的驱动下，美国、欧盟、韩国、日本等国家和地区依据当地实际情况，逐步明确了氢能在国家能源体系中的定位，制定了多样化的氢能相关政策，引导氢能产业健康发展。

2.2 主要国家/地区现状

1. 美国：氢能源发展起步早，加氢站利用率高

美国是最早将氢能及燃料电池作为能源战略的国家。自1990年起，美国以从政策评估、商业化前景预测，到方案制定、技术研发，再到示范推广氢能的思路推动氢能产业发展。在这一过程中，美国以美国能源部（DOE）为主导，将大量的资金用于解决氢能产业所面临的技术难题，保持美国在世界范围内制氢领域中的技术优势地位。

美国将继续投入资金支持氢能与燃料电池的发展。2020年7月，美国能源部宣布在2020财年提供约6400万美元的资金，用于支持"H2@Scale"行动中的18个项目，以实现氢在多领域中大规模生产、储运和利用的经济性。未来5年内，美国能源部计划投资1亿美元支持由美国国家实验室主导的氢能和燃料电池的关键技术研究，一是要突破大规模、长寿命、高效率、低成本的电解槽技术，二是要加速重型车辆（包括长途卡车）燃料电池系统的开发，以实现其与传统燃油发动机相当的经济性。

从政策目标上来看，美国的规划都相对比较乐观，《美国氢能计划发展规划》规划的是：电解槽成本降至300美元/千瓦，运行寿命达到8万小时，系统转换效率达到65%，工业和电力部门用氢价格降至1美元/千克。

还有美国加州发布的《燃料电池电动卡车：加州及其他地区货运活动的愿景》规

划的是：到2035年建成200个加氢站，7万辆氢能重卡上路。

2. 欧盟：各国基本推出长期目标，政策地域性特色明显

欧盟先后制定了《2005欧洲氢能研发与示范战略》《2020气候和能源氢能一揽子计划》《2030气候和能源框架》《2050低碳经济战略》等氢能相关文件。2019年1月，第二代欧盟燃料电池和氢能联合组织（FCH2JU）主导发布《欧洲氢能路线图》。2020年3月，欧盟发布了《欧洲工业战略》，部署氢燃料电池卡车。2020年7月，欧盟委员会发布了《欧盟氢能战略》和《欧盟能源系统整合策略》，希望借此为欧盟设置新的清洁能源投资议程，以达成在2050年实现碳中和的目标，同时在氢相关领域创造就业，进一步刺激欧盟在后疫情时代的经济复苏。

《欧盟能源系统整合策略》提出了欧盟向绿色能源过渡的框架，目标是建立一个更加一体化的能源系统。该策略提出了38项行动计划，具体措施包括修订现有立法、财政支持、研究部署新技术和数字工具、向成员国提供财政措施的指导，以逐步淘汰化石燃料、实现市场治理改革和完成基础设施规划等。

《欧盟氢能战略》把绿氢作为未来发展的重点，主要依靠风能、太阳能生产氢，并制定了三大阶段性目标。第一阶段为2020—2024年，在欧盟境内建成装机容量为6GW的电解槽（单槽功率达100MW），可再生氢能年产量超过100万吨。第二阶段为2025—2030年，建成多个地区性制氢产业中心，电解槽装机容量提升至40GW及以上，可再生氢能年产量达到1000万吨。第三阶段为2030—2050年，重点是氢能在能源密集产业的大规模应用，典型代表是钢铁和物流行业。

为实施氢能源战略，欧盟委员会宣布成立"欧洲清洁氢联盟"，由相关产业领导者、民间机构、国家及地区能源官员和欧洲投资银行共同发起，旨在为氢能源的大量生产提供投资，满足欧盟国家对清洁氢能的需求。

德国的一项长期目标是实现温室气体净零排放。到2030年，德国计划温室气体排放总量较1990年减少55%。2020年6月，德国政府正式通过了《国家氢能源战略》，为清洁能源未来的生产、运输、使用和相关创新、投资制定了行动框架。第一阶段为2020—2023年，国内氢能市场打好基础；第二阶段为2024—2030年，稳固国内市场，发展欧洲与国际市场，服务德国经济。同时，德国政府组建了国家氢能源委员会，由多领域产学研专业人士组成，并将在现有基础上投入70亿欧元（当时约折合578亿元人民币）用于氢能源市场推广，投入20亿欧元（当时约折合165亿元人民币）用于相关国际合作。截至2019年底，德国加氢站在运营78座，未投运9座。德国计划到2025年，氢燃料电池汽车规模扩大，加氢站达到400座。

法国认为，氢能对其能源模式是一场"潜在的革命"。2018年，法国提出了一项氢能计划，拟于2019年通过法国环境和能源署（ADEME）出资1亿欧元，用于在工

业、交通以及能源领域部署氢能。到 2028 年，电解制氢成本降低至 2~3 欧元/千克（当时约折合 16.5~24.8 元人民币/千克），加氢站规模建设增加至 400~1000 座，轻型商用车氢能 2 万~5 万辆，重型车辆 800~2000 辆，工业用氢中无碳氢占 20%~40%。法国政府还将支持在 2035 年实现飞机的碳中和，并在未来三年投入 15 亿欧元（当时约折合 124 亿元人民币）用于研发。

荷兰非常重视清洁能源的发展。2020 年 4 月，荷兰正式发布国家氢能战略。荷兰计划到 2025 年，建成 50 个加氢站、投放 1.5 万辆燃料电池汽车和 3000 辆重型汽车；到 2030 年投放 30 万辆燃料电池汽车。2030 年后，海上风能将成为荷兰生产绿氢的关键来源。

从欧洲国家氢能整体目标规划看，其氢能政策有明显的地域性特色，一些能源发展状况较好的区域会出台单独的氢能相关政策，助力当地氢能产业发展。

以英国的氢能政策为例。自 2019 年英国提出到 2050 年温室气体排放量至少减少 100% 的目标（与 1990 年水平相比），即"净零"（Net Zero）目标后，氢能在推动英国能源结构转型中的作用日益增加。

2020 年 6 月，60 多个企业和贸易机构共同为英国氢能项目提供了 30 亿英镑的私人投资"启动资金"，联合起来呼吁英国政府制定氢能战略。直到 2021 年 8 月 17 日，英国氢能战略才真正出台，但作为联邦制国家，英国和美国一样，地方具备更大的权力，因此也会有诸如"泰晤士河河口氢路线图"这样的地域性强的氢能政策出炉。

俄罗斯氢能政策与上述国家/地区相比，则有些与众不同。俄罗斯的氢能政策制定具备很强的特殊性，与其他国家大力发展绿氢不同，俄罗斯主要把发展氢能定位在蓝氢上，也就是说俄罗斯要大力发展天然气制氢，并且还要将这些氢出口到欧洲其他国家。

3. 韩国：市场发展迅速，政策制定多元化

韩国在 2018 年发布《创新发展战略投资计划》，将氢能产业列为三大战略投资方向之一。2019 年，韩国工业部联合其他部门发布《氢经济发展路线图》，提出在 2030 年进入氢能社会，率先成为世界氢能经济的领导者。根据该路线图，政府计划到 2040 年氢燃料电池汽车累计产量增至 620 万辆，加氢站增至 1200 个，燃料电池产能扩大至 15GW，氢气价格约为 3000 韩元/千克（当时约折合 17.6 元人民币/千克）。韩国计划五年内投资 2.6 万亿韩元（当时约折合 152 亿元人民币），加大氢燃料电池汽车的推广普及。

2019 年，韩国的氢燃料电池汽车市场发展迅速。得益于政府的补贴和政策激励，现代氢燃料电池乘用车全年销量 4987 辆，超过丰田，位居世界第一。2019 年，韩国政府的直接投资高达 3700 亿韩元（当时约折合 22 亿元人民币），同时制定了扩大氢能基

础设施、未来汽车业发展战略、氢能技术开发蓝图、氢能安全管理等六大政策激励汽车厂商开发并销售燃料电池汽车。2020年，韩国政府继续扩大投资至总计9500亿韩元（当时约折合56亿元人民币，比2019年增加60%），用于氢燃料电池汽车和加氢站的推广及支持企业研发项目等。

韩国在燃料电池发电应用与氢能保障领域也加大了部署。截至2019年底，韩国燃料电池发电装机规模为408MW，全球占比约40%，超过日本（245MW）和美国（382MW）。韩国政府对外与沙特、挪威、澳大利亚、新西兰签署合作协议共同开发制氢项目，确定安山、蔚山、完州与全州作为"氢经济示范城市"试点，每个城市选定一个10平方千米的氢能示范区域，在住宅和交通领域率先采用氢能技术。加氢基础设施建设计划于2018年开始筹备，韩国燃气公司、现代汽车、韩国液化空气集团、伍德赛德、科隆工业、晓星重工业、Nel韩国、Bumhan工业、JNK加热器公司、SPG化学、德阳和Valmax氢能科技等13家公司已经加入，计划到2022年建设运营100座加氢站。2019年新设加氢站20座，累计投运34座。由斗山主导建设的"昌源国家产业园液氢示范项目"也于2022年底完工，投产后液氢产能达到5吨/天。

韩国作为亚洲发展氢能的代表，很早就确定了要发展氢能。作为能源资源相对匮乏的国家，其发展氢能的意愿非常迫切，制氢成本、氢燃料电池车数量、加氢站数量在不同的政策中都有所体现。在发展氢能方面，几乎每年都会根据实际情况出台相应的氢能政策，韩国在2006年制定的《氢能和新可再生能源经济的总体规划》确定了氢燃料电池车的数量要在2020年实现200万辆，这种政策规划有些过于乐观，因此韩国在2015年调整了相应的政策，将包括氢能源车在内的新能源车辆定位在100万辆。

4. 日本：氢能源应用最为全面，政策更新频繁

能源安全和环保问题一直是日本能源的核心关切。日本的一次能源供给94%来自海外，原油的消费98%集中在汽车燃油领域，这些原油87%来自中东地区。为了减轻对外部能源的依赖，日本一直把提高能源效率作为重要的手段，从政策和技术方面支持能源效率的提高。

2017年12月，日本公布了《基本氢能战略》，意在创造一个"氢能社会"。该战略的主要目的是实现氢燃料与其他燃料的成本持平，建设加氢站，在汽车（包括卡车和叉车）和发电领域实现氢能对传统能源的替代，发展家用燃料电池热电联供系统。2019年3月，日本政府公布《氢能利用进度表》，明确至2030年氢能应用的关键目标。

截至2019年底，日本共有加氢站约130座，每座加氢站服务车辆约30辆，丰田、本田等企业主导推动日本氢燃料电池汽车的发展。2018年3月，丰田汽车、日产汽车、本田汽车、日本石油能源、出光兴产、岩谷、东京煤气、东邦煤气、日本液化空气、日本丰田通商和日本开发银行共计11家公司联合促进加氢站的部署。2019年，丰田的

氢燃料电池乘用车的销量超过 2400 辆，主要销往美国加州，并推出 10.5 米氢燃料电池大巴 SORA，为东京奥运会投入使用 100 辆，计划到 2030 年投入 1200 辆，其中已有 18 辆在东京及周边地区运营。截至 2019 年底，日本在运营的氢燃料电池乘用车超过 3500 辆，氢燃料电池大巴达 22 辆。为保证本土的氢能供应，日本正在推进日本—文莱天然气制氢、日本—澳大利亚褐煤制氢的海外船舶输氢项目，并于 2020 年 2 月完成福岛 10MW 级制氢装置的试运营，这是目前全球最大的光伏制氢装置。

日本的氢能政策几乎每年都会更新，值得注意的是日本的《绿色成长战略》，对制氢的价格做出明确的规划，到 2030 年将供给成本降至 30 日元/标方；到 2050 年，实现氢气发电成本低于天然气火电成本（<20 日元/标方，当时约折合 14 元人民币/千克），到 2030 年氢气供给量最大达到 300 万吨；2050 年，氢气供给量达 2000 万吨（此前目标为 1000 万吨）。

5. 中国：市场应用潜力巨大，中长期发展战略出台

（1）中国制氢规模全球最大，加氢站数量居世界第三。

为满足我国氢气需求和应用的增长，制氢设备生产企业及相关配套企业发展形势喜人，煤制氢、天然气制氢、甲醇制氢、氨分解制氢、水电解制氢、氯碱厂副产氢回收利用、各行业富含氢尾气回收等制氢设备的技术水平大大提高，不仅基本实现国产化，而且大量向国外出口。

经过十余年的发展，我国氢气年产量已逾千万吨规模，为世界第一大产氢国；同时，我国金属储氢材料产销量已超过日本，成为世界最大储氢材料产销国。氢气产量和储氢材料产销量两项世界第一，为我国开发利用新能源、加快迈入氢能经济时代创造了有利条件。

目前，中国为全球第一产氢大国。2012—2020 年，中国氢气产量整体呈稳步增长趋势。2020 年，中国氢气产量超过 2500 万吨，同比增长 13.6%。

其中，中国石化和国家能源集团是我国氢气产量最大的两家企业，中国石化氢气年生产量达 350 万吨，占全国氢气产量的 14%；国家能源集团年生产 400 万吨的氢气，占总体产量的 16%。

总体来看，我国氢能源生产市场集中度较低，2020 年氢能源生产市场行业集中度 CR2 为 30%。主要是因为国内企业的氢气产量较为分散，大部分企业仅有几百吨、几千吨的氢气产量；部分发展较好的企业生产规模能破万吨；能达到百万吨级别的企业凤毛麟角。不过随着各大央企进入氢能源行业，陆续有大型企业表示开展氢能源行业布局，未来市场集中度将会提升。

（2）产业链部分环节依赖进口，商用车为下游应用主要突破口。

氢能产业链较长，涉及制氢、储运、加氢、燃料电池及其系统等上游（及中

游）领域，以及交通、储能、发电与工业领域等下游应用诸多环节。目前，我国在氢能领域发展取得了一定成效，在副产气制氢、碱性水制氢等制氢技术领域具有技术优势，燃料电池系统、电堆等下游应用也已基本实现终端设备的国产化，但就整体而言，在核心技术、装备制造、设备零件和基础设施方面尚存短板。

上游：制、储、运和加氢环节部分核心设备有待国产化。

目前，我国的氢气制取以化石能源重整和工业副产气（灰氢或蓝氢）为主，煤制氢产量占比超过60%，电解水制氢（绿氢）占比不到2%，而由于现有工业电价过高，推广电解水制氢难度较大。但煤制氢并非完全无排放，我国现拥有全球最大的可再生能源装机容量，如能充分利用可再生能源供电进行电解水制氢，伴随可再生能源发电成本的降低，可以预期主要制氢方式将转向电解水制氢。预计到2060年可再生能源将提供80%的氢气产能，制氢方式改变将引发行业格局变动。此外，由于氢气消纳渠道不限于交通，短期来看随着氢能产业发展，下游需求将持续增加，也将带动氢气产能扩张。

储运方面，我国目前仍以高压气态储氢、长管拖车运输为主，单车可运输重量低、距离短。这种储运方式在氢能整体需求较低时具有经济性，但随着用氢规模增加，管道运输和液氢槽车运输的经济优势将显著增加。国外以低温液态储氢结合液氢槽车运输居多，我国液氢主要用于航天领域，缺少民用输运应用，管道运输也缺乏规模化运行试验。此外，在用于交通的车载储气瓶方面，我国与国际主流也存在差距，目前主要采用Ⅲ型瓶，而国际市场上Ⅳ型瓶已成为主流，随着氢燃料电池汽车市场的发展，在该领域存在国产替代空间，近年来已有部分企业进行布局，探索开展70MPa储氢瓶车辆应用验证。

加氢站是氢能产业化、商业化的重要基础设施。与上游氢气储运主流方式相适应，我国加氢站目前以气态氢为主，压缩机、高压加氢机等关键设备依赖进口。从国家的角度来看，2020年日本凭借142座加氢站位居全球第一；德国排名第二，总建成100座加氢站。中国凭借69座加氢站上升至全球第三，但在加氢站数量拥有量上同日本的差距依然较大（实际数量依旧和日本有差距）。日、德、中三个国家加氢站共有311座，占全球总数的56%，这显示了三国在氢能与燃料电池技术领域的快速发展及绝对领先地位。（由于中国没有公开统计加氢站信息的网站，因此H$_2$stations.org没有收录中国大陆具体的加氢站数据，中国实际数量要多于数据统计。）

由于此前我国氢能应用规模有限，对加氢站建设支持力度有所不足，相关生产企业缺乏技术攻关和成熟量产的市场环境，也直接推高了加氢站的建设成本。未来，加氢站等基础设施将是氢能产业的发展基石，到2025年应部署建设一批加氢站以支撑约5万辆燃料电池车辆，到2030年应形成较为完备的氢能供应体系。

下游：燃料电池车仍处于导入阶段，发展空间大。

氢能的应用场景可以归类为交通、工业、发电和储能四个方向。当前，以燃料电池车为代表的交通领域是氢能初期应用的突破口，也是商业化应用前景较为清晰的市场。氢燃料电池车与纯电动车相比，得益于氢气高能量密度的特点，续航能力更强，但其配套基础设施建设相较于纯电动车更加复杂昂贵，因此更适合固定线路、中长途和高载重场景，例如矿山、港口、仓库内的货车、叉车和AGV等，与现有纯电动车更多形成互补关系。但氢能乘用车也并非无人问津，除丰田、现代等国外厂商较为积极外，上汽、北汽和广汽等国内企业也有相应车型已量产或计划上市。目前，氢燃料电池车的主要生产厂家仍是传统汽车制造商，如福田汽车、宇通客车、上汽、北汽等，虽然有部分氢燃料电池车厂商，但受限于市场规模和氢燃料电池车整车成本较高，尚未形成类似纯电动力车领域的造车新势力。

截至2020年底，中国燃料汽车保有量仅7352辆，2021年前十月销量仅953辆，目前行业规模很小，尚处于导入阶段。根据三个示范成熟群规划，2025年底燃料电池车保有量将达到9.4万辆，若规划目标成功达成，叠加其他省市规划，2025年我国燃料电池保有量将不低于12万辆，年销量复合增长率约180%，弹性空间很大。

2.3 政策环境

在"双碳"大背景下，燃料电池技术是我国未来能源技术的战略选择。中国的氢能与燃料电池研究始于20世纪50年代。20世纪80年代以来，相继启动了"863计划"和"973计划"，加速以研究为基础的技术商业化项目，氢能和燃料电池均被纳入其中。"十三五"期间，氢能与燃料电池开始步入快车道。2016年以来，我国相继发布《能源技术革命创新行动计划（2016—2030年）》《节能与新能源汽车产业发展规划（2012—2020年）》《中国制造2025》等顶层规划。2019年"两会"期间，氢能首次写入政府工作报告。2020年4月，氢能被写入《中华人民共和国能源法（征求意见稿）》。2020年9月21日，五部委联合发布的《关于开展燃料电池汽车示范应用的通知》采取"以奖代补"方式，对入围示范的城市群，按照其目标完成情况核定并拨付奖励资金，鼓励并引导氢能及燃料电池技术研发。目前，我国政府累计支持氢能与燃料电池的研发投入已超20亿元。各地方政府也是积极跟进国家级战略，发布燃料电池产业链规划。在已发布规划的13个省份中，至2025年共规划加氢站1800座，产业规模近万亿元，燃料电池车共8万辆。

1. 中央层面有关规划政策

中国政府对发展氢能持积极态度，已在多项产业政策中明确提出要支持中国氢能产业发展，近期支持政策出台频率更加密集，支持力度不断增加。

由国务院印发的《节能与新能源汽车产业发展规划（2012—2020年）》《中国制造2025》《"十三五"国家战略性新兴产业发展规划》等国家纲领性规划文件，均指出要系统推进燃料电池汽车研发与产业化，发展氢能源产业。

2016年，国家发改委、国家能源局编制了《能源技术革命创新行动计划（2016—2030年）》与《能源生产和消费革命战略（2016—2030）》，将氢能与燃料电池技术创新作为重点任务，推进纯电动汽车、燃料电池等动力替代技术发展，发展氢燃料等替代燃料技术，实现大规模、低成本氢气的制储运用一体化，以及加氢站现场储氢、制氢模式的标准化和推广应用。

2019年3月，氢能首次写入《政府工作报告》，明确将推动加氢站等设施建设。2019年底，《能源统计报表制度》首次将氢能纳入2020年能源统计，15部门印发《关于推动先进制造业和现代服务业深度融合发展的实施意见》，推动氢能产业创新、集聚发展，完善氢能制备、储运、加注等设施和服务。

2020年初，国家发改委、司法部发布《关于加快建立绿色生产和消费法规政策体系的意见》，该意见规定，将于2021年完成研究制定氢能、海洋能等新能源发展的标准规范和支持政策。2020年4月，国家能源局发布《中华人民共和国能源法（征求意见稿）》，氢能被列为能源范畴。

2020年6月，氢能先后被写入《2020年国民经济和社会发展计划》《2020年能源工作指导意见》。

2021年9月，在《中共中央、国务院关于完整准确全面贯彻新发展理念做好碳达峰碳中和工作的意见》中要求，统筹推进氢能"制储输用"全链条发展，推动加氢站建设，推进可再生能源制氢等低碳前沿技术攻关，加强氢能生产、储存、应用关键技术研究、示范和规模化应用。《国务院关于印发2030年前碳达峰行动方案的通知》明确，加快氢能技术研发和示范应用，探索在工业、交通运输、建筑等领域规模化应用。《中华人民共和国国民经济和社会发展第十四个五年规划和2035年远景目标纲要》提出，在氢能与储能等前沿科技和产业变革领域，组织实施未来产业孵化与加速计划，谋划布局一批未来产业。

2022年3月，为促进氢能产业规范有序高质量发展，经国务院同意，国家发改委、国家能源局联合印发《氢能产业发展中长期规划（2021—2035年）》，明确了氢能是未来国家能源体系的组成部分和战略性新兴产业的重点方向。从短期来看，我国氢能供应链、产业体系和政策制度环境将逐步完善，助力工业绿色转型。长期而言，随着氢能技术加速攻关、制氢结构不断优化、基础设施逐步完善，用氢成本将大幅下降，进而推动氢能在氢燃料电池等更多应用场景的逐步渗透。

国家战略规划中明确提出：到2025年，基本掌握核心技术和制造工艺，燃料电池车辆保有量约 5 万辆，部署建设一批加氢站，可再生能源制氢量达到 10 万~20 万吨/年，实现二氧化碳减排 100 万~200 万吨/年。到 2030 年，形成较为完备的氢能产业技术创新体系、清洁能源制氢及供应体系，有力支撑碳达峰目标实现。到 2035 年，形成氢能多元应用生态，可再生能源制氢在终端能源消费中的比例明显提升。我国近年具体相关政策文件见表 2-1。

表 2-1　我国近年部分支持氢能源和燃料电池中长期发展的相关政策文件

时间	颁布主体	政策文件名称	主要内容
2022.03	国家发改委、国家能源局	《氢能产业发展中长期规划（2021—2035 年）》	明确氢能未来国家战略能源地位，提出分阶段的氢能产业发展目标，部署推动氢能产业高质量发展的重要举措
2022.03	国家发改委、国家能源局	《"十四五"现代能源体系规划》（发改能源〔2022〕210 号）	适度超前部署一批氢能项目，着力攻克相关核心技术，实施氢能多场景示范应用，实施异质能源互联互通示范
2021.11	工信部	《"十四五"工业绿色发展规划》（工信部规〔2021〕178 号）	开展可再生能源电解制氢重大降碳工程示范。鼓励氢能作为替代性清洁能源在钢铁、水泥、化工等行业的应用
2021.11	国家能源局、科技部	《"十四五"能源领域科技创新规划》（国能发科技〔2021〕58 号）	攻克高效氢气制备、储运、加注和燃料电池关键技术，推动氢能与可再生能源融合发展
2021.10	国务院	《2030 年前碳达峰行动方案》（国发〔2021〕23 号）	明确加快氢能技术研发和示范应用，探索在工业、交通运输、建筑等领域规模化应用
2021.09	财政部、国家能源局、国家发改委等五部委	《关于启动燃料电池汽车示范应用的通知》（财建〔2021〕266 号）	在北京、上海和广东启动首批燃料电池汽车示范应用工作
2020.10	国务院	《新能源汽车产业发展规划（2021—2035 年）》（国办发〔2020〕39 号）	攻克氢能储运、加氢站、车载储氢等氢燃料电池汽车应用支撑技术。因地制宜开展多种制储运技术应用，提高氢燃料制储运经济性。根据氢燃料供给和消费需求，合理布局加氢基础设施

——《"十四五"全国清洁生产推行方案》解读

2021 年 10 月 29 日，国家发改委联合生态环境部等印发《"十四五"全国清洁生产推行方案》（以下简称《推行方案》），提出了清洁生产推行制度体系基本建立，工业领域清洁生产全面推行，农业、服务业、建筑业、交通运输业等领域清洁生产进一步深化，清洁生产整体水平大幅提升，能源资源利用效率显著提高，重点行业主要污染物和二氧化碳排放强度明显降低，清洁生产产业不断壮大等总体目标。《推行方案》提出通过绿氢炼化、氢能冶金等手段加快燃料原材料的清洁替代和清洁生产技术应用示范。

——《"十四五"现代能源体系规划》解读

2022年3月22日,国家发改委和国家能源局官网发布了《"十四五"现代能源体系规划》(以下简称《规划》),提出开展新型储能关键技术集中攻关,加快实现储能核心技术自主化,推动储能成本持续下降和规模化应用,完善储能技术标准和管理体系,提升安全运行水平,适度超前部署一批氢能项目,着力攻克可再生能源制氢和氢能储运、应用及燃料电池等核心技术,力争氢能全产业链关键技术取得突破,推动氢能技术发展和示范应用。加强前沿技术研究,加快推广应用减污降碳技术。《规划》提出高效可再生能源氢气制备、储运、应用和燃料电池等关键技术攻关及多元化示范应用。

——《2030年前碳达峰行动方案》解读

2021年10月26日,国务院发布《关于2030年前碳达峰行动方案的通知》(以下简称《行动方案》)。《行动方案》是碳达峰阶段的总体部署,在目标、原则、方向等方面与《关于完整准确全面贯彻新发展理念做好碳达峰碳中和工作的意见》保持有机衔接的同时,更加聚焦2030年前碳达峰目标,相关指标和任务更加细化、实化、具体化。《行动方案》是"1+N"政策文件体系中的首要政策文件,有关部门和单位将根据方案部署制定能源、工业、城乡建设、交通运输、农业农村等领域以及具体行业的碳达峰实施方案,各地区也将按照《行动方案》要求制定本地区碳达峰行动方案。其中,在推动钢铁、石化、交通运输、人才培养、先进技术研发以及基础学科研究、贸易、金融和法律法规标准等方面,都涉及氢能领域的发展和应用。

2. 各省市"十四五"氢燃料电池有关规划政策

在中国"十四五"规划和2035年远景目标建议/纲要中提到,大力发展可再生能源,安全高效发展核电,鼓励发展天然气分布式能源、分布式光伏发电,有序推进抽水蓄能电站和海上风电布局建设,加快储能、氢能发展。

地方政府发展氢能的积极性非常高,积极跟进国家级战略,一方面是为了践行绿色发展的理念,另一方面是为了吸引氢能产业链相关企业落户本地,促进当地产业结构调整,实现经济效益。

截至2020年6月,全国范围内省及直辖市级的氢能产业规划超过10个,地级市及区县级的氢能专项规划超过30个。广东、江苏、山东、安徽、四川、浙江、上海、福建、河北、北京等众多省市都推出了相应的推广补贴政策。各地方政府纷纷设立加氢站建设目标,从产业产值、氢燃料电池汽车推广、固定式发电应用、企业培育等方面提出了发展目标和行动计划,并配套车辆购置补贴、氢气补贴、加氢站建设补贴等不同程度的扶持措施。

因此，各省政府也陆续出台了氢能产业扶持政策，氢能产业的版图持续扩展。全国各地积极促进氢能行业发展，纷纷将氢能写进"十四五"发展规划。表 2-2 为国内各省市的"十四五"氢能规划内容。

表 2-2 各省市"十四五"氢能规划内容

省市	"十四五"氢能规划内容
重庆	支持长寿、涪陵、南川、綦江—万盛重点发展氢能等产业，打造全市重要的新能源、新材料基地
浙江	大力发展可再生能源，安全高效发展核电，鼓励发展天然气分布式能源、分布式光伏发电，有序推进抽水蓄能电站和海上风电布局建设，加快储能、氢能发展，到 2025 年清洁能源电力装机占比超过 57%，高水平建成国家清洁能源示范省
云南	培育和发展氢能产业。到 2025 年，全省电力装机达到 1.3 亿千瓦左右，绿色电源装机比重达到 86% 以上
天津	在汽车工业领域推动新体系动力电池、氢燃料电池发动机、驱动电机、车联网等技术。培育"氢能小镇"等一批主导产业突出的创新标志区。新能源产业扩大锂离子电池产业优势，加快氢能产业布局，打造全国新能源产业高地
四川	面向产业技术前沿和新兴市场需求，重点培育氢能及燃料电池等产业，打造一批新兴产业未来增长引擎
上海	结合上海产业基础和技术布局，针对一批代表技术发展和产业升级方向、尚存在一定不可预见性的重要领域，在氢能源等方面，加强科技攻关与前瞻谋划，为未来产业发展奠定基础。加快布设新型充电基础设施和智能电网设施，到 2025 年新建 20 万个充电桩、45 个出租车充电示范站，推进智能电网、加氢站、智慧燃气体系建设
陕西	立足氢能资源优势，聚焦产业链关键环节，引进国内外氢能先进装备企业，加快形成氢能储运、加注及燃料电池等产业链。支持榆林、渭南、铜川、韩城等建设规模化副产氢纯化项目，形成 2~3 个千吨级燃料电池级氢气工厂，具备万吨级氢气资源储备和升级基础
山东	编制关键核心技术攻关动态清单，聚焦氢能源等领域，每年实施 100 项左右重大技术攻关项目，集中突破一批"卡脖子"技术。组织实施氢能利用等一批科技示范工程。实施绿色港口行动计划，推动港口清洁能源利用，支持青岛港建设"中国氢港"
青海	引进开发推广大型储能装置、太阳能制氢等技术，高水平打造国家级太阳能发电实证基地和储能实证基地。加快储能产业发展，支持建设氢能储能、空气储能、光热熔盐、锂储能产业
宁夏	推进氢能制备、存储、加注等技术开发，积极培育储能及新能源汽车产业。到 2025 年，全区新能源电力装机力争达到 4000 万千瓦。建设 1400 万千瓦光伏和 450 万千瓦风电项目、宁东太阳能电解制氢储能及应用示范工程、日盛高新氢能源综合利用等项目
内蒙古	统筹推进风光氢储等新能源开发利用，建设千万千瓦级风光电基地。发展规模化风光制氢，探索氢能供电供热商业模式建设绿氢生产基地。建设内蒙古综合能源交易中心，开展氢能等多种能源产品和碳汇、碳排放权、排污权、水权、可再生能源配额、电力辅助服务等指标交易

续表

省市	"十四五"氢能规划内容
辽宁	推广煤气制烯烃技术，合理利用钢铁、石化行业副产氢气资源，积极参与氢能产业发展。重点发展氢燃料电池关键零部件及集成系统，支持大连建设氢燃料发动机生产基地和燃料电池应用示范区。推进氢能商业化、产业化、集群化，先行先试。开展公交、物流、海运以及储能等领域规模化场景应用。支持沈抚改革创新示范区、葫芦岛兴城等地区建设氢能产业应用示范区，推进大连、沈阳、鞍山、阜新、朝阳、盘锦、葫芦岛等地区氢能装备产业集聚区建设
江西	聚焦氢能等新能源装备、生物技术和生命科学等细分领域，超前布局前沿科技和产业化运用，加大投资力度谋划一批试点示范项目，打造一批重大应用场景，培育未来发展新引擎
江苏	实施未来产业培育计划，前瞻布局氢能与储能等领域，积极开发商业化应用场景，抢占产业竞争发展制高点
吉林	加强基于可再生能源转化的氢能高效利用，重点开展区域能源互联网优化控制与智能服务关键技术研究及规模化应用，储能技术、智能管理控制技术开发及应用。建设白城高载能高技术基地，突破氢能制储、大数据等关键核心技术，促进清洁能源高效化利用
湖南	重点依托一体化基地规模化布局风电，坚持集中式和分布式并重发展光伏发电，因地制宜发展生物质发电和地热能，稳步推进氢能等发展。推进环洞庭湖和湘南"风光水火储一体化"基地建设，推进建设岳阳氢能示范城市
湖北	做好水电保护性开发，支持生物质多元化高效利用，积极推进地热能、氢能等开发利用，做好以咸宁核电为重点的核电厂址保护
黑龙江	推广地热能、太阳能等非电利用方式，积极稳妥推广核能供暖示范，探索可再生能源制氢，开展绿色氢能利用
河南	统筹布局加油、加气、充（换）电、加氢等设施，示范推广氢电油气综合能源站。加强氢能技术研发应用，提高工业副产氢纯化水平，开展可再生能源电解水制氢示范，培育氢能产储运用全产业链
海南	以炼化和化工企业工业副产氢净化提纯制氢为初期启动资源，一体化发展氢能源"制、储、运、加、用"产业，推动氢燃料电池应用，构建特色鲜明、优势突出、可持续发展的氢能产业体系。建设海南能源平台和能源数据库。到2025年，在清洁能源产业领域投入800亿元
贵州	在六盘水、贵阳、毕节、黔西南等地开展氢加工、氢燃料电池等应用试点，推动氢能全产业链示范项目建设。推进贵阳（经开）氢能产业聚集区、六盘水盘南工业园区煤制氢、盘江天能焦化氢气提纯（制氢工厂）、黔西煤制乙二醇尾气制氢等项目建设
广东	加快培育氢能产业，建设燃料电池汽车示范城市群，突破燃料电池关键零部件核心技术，打造多渠道、多元化氢能供给体系。引导各地发挥区域优势和特色产业优势，大力发展先进核能、海上风电、太阳能等优势产业，加快培育氢能等新兴产业，推进生物质能综合开发利用，助推能源清洁低碳化转型
甘肃	抢抓新一轮科技革命和产业变革机遇，推动新兴产业特色化、专业化、集群化发展，大力发展半导体材料、氢能、电池、储能和分布式能源、电子、信息等新兴产业

续表

省市	"十四五"氢能规划内容
福建	加快引进和培育制氢、储运氢、加氢站相关设备、氢燃料动力电池系统、电堆及其核心部件等产业化项目，打造东南沿海氢燃料电池汽车产业制造高地。建设绿色交通基础设施，完善综合运输服务网络，加快充电、加氢基础设施建设，加大新能源车辆推广应用力度，实施旅客联网联运
北京	发挥能源领军企业创新带动作用，加快氢能燃料电池、储能、能源互联网装备等技术突破及成果转化落地。推动京津冀规模化、协同化布局氢能产业。围绕北京节能环保、氢能提纯、5G、工业互联网、智能制造等技术优势，梳理北京科技创新优势资源和代表企业资源，实现菜单式供给。通过发布会、推介会、对接会等方式，向津冀发布北京高新技术供给目录，引导市场预期
安徽	重点研发可控核聚变，制氢、储氢及运输，小分子催化，煤油清洁利用，智能电力电网、分布式能源等技术。开发高比能动力电池、氢燃料电池、固态电池，高功率密度电机驱动系统、毫米波雷达与激光雷达等技术，多传感器融合系统，智能车联网及新能源汽车轻量化技术，L3/L4级智能驾驶汽车等产品
山西	加快培育壮大智能及新能源汽车产业规模，优化冶炼—铸造—机加—零部件产业链条，培育氢燃料电池汽车产业，构建智能网联创新体系。发挥焦炉煤气制氢等工艺技术低成本优势，有序布局制、储、加、运、输、用氢全产业链发展

3. 佛山市氢燃料电池产业相关政策

早在2009年，佛山就清楚认识到氢能这一战略性新兴产业的颠覆性意义，并敏锐捕捉到了氢能产业的巨大潜力。

目前，佛山已建成广东新能源汽车产业基地等三大氢能产业基地，汇聚了超过90家涉氢企业和科创平台，构建起我国最完善的氢能产业链；建成并运营加氢站15座，氢能基础设施建设领跑全国；开通氢能源公交线路28条，投运氢燃料电池汽车近1400辆，氢能终端应用推广规模全国最大。

作为氢能产业发展如火如荼的区域，佛山陆续发布了一系列配套产业政策，以促进氢能及燃料电池的产业发展，如表2-3所示。其中在2020年发布的《佛山市南海区氢能产业发展规划（2020—2035年）》中指出，南海区氢能产业发展分为近期（2020—2025年）商业化创新探索阶段、中期（2026—2030年）商业化推广阶段和远期（2031—2035年）商业化应用阶段三个阶段。将以仙湖氢谷为核心，推进"一湖一城三园区"建设，致力打造国际知名的自主氢能技术先行地、高端氢能产业集聚区和先进氢能社会示范区，带动南海区氢能产业商业化发展进程。

表 2-3 佛山市氢能源产业相关政策与通知

序号	年份	文件名	文号	内容
1	2017	《佛山市人民政府办公室关于进一步做好城市配送运输与车辆通行管理工作的实施意见》	佛府办〔2017〕8号	鼓励采用电动、氢燃料电池车辆等新能源货运车辆实施城市配送；符合条件的城市配送试点企业可以申请专项财政奖励资金
2	2017	《佛山市住房和城乡建设管理局关于加快推进加氢站建设审批有关问题的通知》	佛建管函〔2017〕1088号	发布《佛山市加氢站建设审批程序指引（暂行）》，明确加氢站建设工作的部门分工、审批原则、设计要求、审批流程等
3	2018	《佛山市人民政府关于印发佛山市氢能源产业发展规划（2018—2030年）的通知》	佛府函〔2018〕191号	明确佛山市氢能产业发展方向与目标
4	2018	《佛山市人民政府办公室关于印发佛山市加快新能源汽车产业发展及推广应用若干政策措施的通知》	佛府办〔2018〕49号	对于符合条件的氢能源汽车整车、关键零部件项目，分别给予5000万元、3000万元的财政奖励
5	2018	《佛山市人民政府办公室关于印发佛山市2018—2019年加快氢能公交车和纯电动公交车推广应用工作方案的通知》	佛府办函〔2018〕294号	对于2018—2019年符合条件的加氢基础设施共给予建设和运营补助1.55亿元，氢能源公交车共给予购置和运营补助10.15亿元
6	2018	《佛山市人民政府办公室关于调整佛山市氢能产业发展工作议事协调机构的通知》	佛府办函〔2018〕886号	设立氢能小组
7	2018	《佛山市商务局关于氢能源货运车辆推广补贴政策的调研报告》	佛商务服字〔2018〕3号	对氢能源货运车辆给予运营补助
8	2018	《佛山市新能源公交车推广应用和配套基础设施建设财政补贴资金管理办法》	佛发改交通〔2018〕54号	明确氢能源公交车及加氢站建设运营补贴明细
9	2018	《佛山市农业局 佛山市财政局 佛山市公安局关于印发佛山市"菜篮子"工程配送车购置和标识喷印扶持实施方案的通知》	佛农〔2018〕17号	对符合补贴条件的配送车，按照车价（以购车发票为准）的30%予以补贴，其中氢能源配送车补贴最高不超过10万元
10	2019	《2019年佛山市核心技术攻关项目指南》	佛山市科技局	"新能源高效节能器件及储能系统"专题明确将氢能及燃料电池的核心零部件、关键工艺研究作为重点支持内容，最大资助提高至500万元/项

续表

序号	年份	文件名	文号	内容
11	2019	《佛山市科技创新团队资助办法》	佛山市科技局	单个团队的资助额度由最高800万元提升至最高2000万元，同时各区给予1∶1的配套支持
12	2019	《佛山市促进科技创新推动高质量发展若干政策措施》	佛山市科技局	提出了35条举措，针对制约佛山市创新发展的"痛点""难点"，精准发力，重点突破
13	2019	《佛山市高新技术企业树标提质行动计划（2018—2020年）》	佛山市科技局	通过技术改造、平台建设、集聚培育、人才团队、科技金融等手段，促进高企做强、做大、做专、做精，努力把高新技术企业数量优势转化为发展优势
14	2019	科技型中小企业信贷风险补偿基金	佛山市科技局	通过贷款贴息、风险补偿等方式，有效降低了佛山市包括氢能等产业的科技型中小企业融资成本
15	2019	佛山市创新创业产业引导基金	佛山市科技局	原则上以股权投资为主，用于支持企业创新创业，投资方向包括节能环保、新能源汽车等战略性新兴产业，以及新能源装备等先进制造业
16	2018	《佛山市禅城区汽车产业发展战略规划》	佛禅府办〔2018〕7号	打造佛山市新能源汽车关键零部件配套基地和推广示范基地，培育新的经济增长点
17	2019	《禅城区新能源公交车推广应用和公交充电设施建设财政补贴资金管理实施细则》	—	明确2017—2020年氢能源公交车补贴明细
18	2015	《佛山市南海区新能源汽车产业发展规划（2015—2025年）》	南发改产业〔2015〕10号	到2020年实现新能源汽车产业总产值470亿元，重点培育丹灶新能源汽车核心部件配套产业集群等七大新能源汽车产业集群，打造九江新能源专用车基地、丹灶新能源汽车文化主题公园等10个产业功能区
19	2017	《佛山市南海区科技创新平台发展扶持办法》	南府〔2017〕18号	对大型骨干企业创新中心、广东省新型研发机构、技术转移中心等五项人才引进奖励项目以及举办学术会议、参加学术会议、发表论文、学历提升、职称和高技能晋升、特色培育项目资助等六项人才培养资助项目给予扶持
20	2017	《佛山市南海区促进新能源汽车产业发展扶持办法》	南府〔2017〕28号	该办法是全省首个专门针对新能源汽车产业发展的扶持政策，对在南海区从事新能源汽车（含氢能）产业的企业进行扶持，同时引导新能源汽车产业企业向广东新能源汽车产业基地核心区（丹灶）集聚发展

续表

序号	年份	文件名	文号	内容
21	2018	《佛山市南海区人才引进奖励和培养资助暂行办法》	南府〔2018〕5号	对创办企业配套奖励、科研创新奖励、生活津贴、"双创"扶持、特别引才奖励
22	2019	佛山市南海区人民政府办公室关于印发《佛山市南海区促进加氢站建设运营及氢能源车辆运行扶持办法的通知》	南府办〔2019〕2号	明确氢能源公交车与加氢站建设运营补贴明细
23	2019	佛山市南海区新能源汽车推广应用工作领导小组办公室关于印发《佛山市南海区新能源公交车推广应用和配套基础设施建设财政补贴资金管理实施细则（2017—2020年）》的通知	南汽车推广办〔2019〕2号	明确氢能源公交车与加氢站建设运营补贴明细
24	2019	《佛山市高明区人民政府办公室关于调整佛山市高明区氢能产业发展工作议事协调机构的通知》	明府办函〔2019〕38号	成立佛山市高明区氢能产业发展领导小组
25	2020	《佛山市南海区氢能产业发展规划（2020—2035年）》	—	南海区氢能产业发展分为近期（2020—2025年）商业化创新探索阶段、中期（2026—2030年）商业化推广阶段和远期（2031—2035年）商业化应用阶段三个阶段。将以仙湖氢谷为核心，推进"一湖一城三园区"建设，致力打造国际知名的自主氢能技术先行地、高端氢能产业集聚区和先进氢能社会示范区，带动南海区氢能产业商业化发展进程

第 3 章　氢能源产业相关公司调查

当前，全球氢燃料电池领域竞争格局未定，部分企业已具备先发优势。一方面，氢燃料电池涉及的产业链较长，上游包含制氢、加氢、储氢、氢能产业装备制造，中游包含燃料电池核心零部件制造，下游应用于氢能整车制造领域。氢燃料电池参与厂商着手在上游资源和下游客户领域的战略布局都将对未来竞争格局形成影响。另一方面，当前全球氢燃料电池发展应用尚处于商业化早期，尚未形成类似宁德时代、LG 新能源在动力电池领域具备绝对领先优势的龙头企业，市场参与者竞争格局将在未来较长时间处于不稳定状态，具备技术先发、市场和资源卡位优势的企业未来空间广阔。

从海外企业布局来看，部分加拿大、美国、日韩企业均着手于氢燃料电池研发。

总部位于加拿大的 Ballard 和 Hydrogenics 公司、美国 PlugPower 公司等为全球氢燃料电池制造厂商。Ballard 是零排放质子交换膜燃料电池生产商，其客户主要包括奔驰、奥迪、大众等整车制造商以及军工、叉车企业，2018 年潍柴动力通过投资成为其大股东。Hydrogenics 公司主营业务包括燃料电池及水电解制氢设备，并为客户提供储能整体解决方案，在德国、比利时、美国均有生产基地。其产品广泛应用于以阿尔斯通、液化空气集团为代表的下游大型交通运输作业企业，为阿尔斯通的 CoradiaiLint 客运列车设计和开发氢燃料电池系统。该公司于 2019 年被美国建筑机械与重型卡车企业康明斯收购。美国 PlugPower 氢燃料电池叉车产品在美保有量约为 2.5 万辆，在欧洲保有量约为 7000 辆，在沃尔玛、亚马逊、联合利华、通用汽车等大型企业车间中均有应用。日韩车企如现代、丰田均在氢燃料电池汽车方面有所发力，现代推出氢燃料电池车 NEXO，丰田推出氢燃料车 Mirai，单次充氢续航里程可达 1000 千米以上。

从国内企业来看，氢燃料电池参与者主要分为燃料电池厂商、整车厂商、燃料电池系统集成类企业和核心零部件企业。

氢燃料电池厂商方面，主要有雄韬股份、国鸿氢能、重塑股份、新源动力等参与布局。雄韬股份成立较早，在国内多地投资设立子公司推进氢能产业规划与布局，投资制氢、膜电极、电堆等多家产业链企业，致力于打造氢能产业平台，整合和拓展氢能产业链相关资源。国鸿氢能是一家以氢燃料电池为核心产品的高科技企业，主要产品包括柔性石墨双极板、电堆、燃料电池系统、燃料电池备用电源等。重塑股份除了与丰田合作金属板路线电堆技术，还与富瑞氢能、嘉化能源合资，从事加氢站等氢能基础设施的建设和运营业务。

整车厂商方面，主要有长城汽车、上汽集团、宇通客车等厂商参与氢燃料电池布局。长城汽车最早于2016年开始氢燃料电池研发，并在2019年成立了未势能源科技有限公司。未势能源主要业务涵盖燃料电池发动机及其核心零部件开发、低成本加氢站集成化解决方案等领域，并于2020年发布了95kW乘用车燃料电池系统发动机、最大可拓展至150kW的平台化燃料电池堆及70MPa高压储氢瓶阀及减压阀等产品，已于2021年12月完成A轮融资。上汽集团则主要通过子公司捷氢科技进行氢燃料电池核心技术的研发，目前具有第三代车用质子交换膜燃料电池电堆，且产品已应用于大巴、乘用车和商用车多种车型中。

燃料电池系统集成类企业，主要有亿华通、潍柴动力、大洋电机、江苏清能等。亿华通主要为商用车提供氢燃料电池发动机系统及相关的技术开发、技术服务，主要客户包括宇通客车、北汽福田等整车制造商，并与丰田合作金属板路线电堆技术。潍柴动力积极布局新能源动力总成业务，先后作为第一大股东参股加拿大巴拉德和英国锡里斯动力两家世界领先的氢燃料电池、固态氧化物燃料电池技术公司，推进新能源产业布局。大洋电机氢燃料电池业务主要产品包括氢燃料电池模组、氢燃料电池控制系统及系统集成等，其于2016年度认购Ballard公司9.9%的股权，通过引入国际技术和品牌逐步拓展燃料电池发动机系统及相关零部件等业务，目前已与中通客车、顺达客车等整车厂合作开发多款燃料电池车型。江苏清能重点发展以商用车为主的燃料电池电堆及系统，并与整车制造商和加氢基础设施开发商进行合作，其在美国成立的海易森汽车成功在纳斯达克上市。

核心零部件方面，雪人股份有限公司于2015年通过公司旗下的并购基金投资4亿元收购了瑞典OPCON核心业务两大子公司SRM和OES100%的股权，掌握了氢燃料电池空气循环系统核心技术，并拥有瑞典品牌AUTOROTOR氢燃料电池双螺杆形式空气循环系统。目前已开发12个型号燃料电池系统，为克莱斯勒、奔驰、通用、沃尔沃等众多汽车生产商提供过燃料电池系统。以下为部分氢燃料电池产业链企业介绍。

3.1 制氢设备

1. 无锡先导智能装备股份有限公司

无锡先导智能装备股份有限公司的前身系无锡先导自动化设备有限公司，系由无锡先导电容器设备厂和韩国九州机械公司于2002年出资组建的中外合资企业，后者于2011年股权转让于韩国籍自然人安钟狱。2008年横向拓展切入锂电设备行业，2016年布局氢能产业，2018年正式成立氢能装备事业部。公司从事高端非标智能装备的研发、设计、生产和销售，业务涵盖锂电池智能装备、光伏智能装备、3C智能装备、智能物流系统、汽车智能产线、氢能装备、激光精密加工装备等领域。其中，氢能装备主要为客户提供氢能燃料电池整线解决方案，包括PEM电解槽制氢设备、膜电极生产、双极板生产、电堆及系统生产线、电堆测试平台等单机装备生产线。

公司是全球领先的新能源装备提供商，深耕非标智能装备20余年，拥有雄厚的智能制造技术和经验积累，有望持续渗透至氢能装备板块。自进入氢能装备领域以来，先导智能创造了多个行业领先：截至2021年8月底全球唯一一个为海外客户提供氢能整线设备的中国企业；为国内氢能燃料电池企业提供50%以上的智能装备产线，市占率第一，量产级TOP客户覆盖80%以上；行业首个实现卷对卷MEA封装技术的项目，完成了从2ppm、7ppm到30ppm的量产效率提升；交付了国内最大的质子交换膜PEM生产线。

2. 兰州兰石重型装备股份有限公司

兰州兰石重型装备股份有限公司为兰石集团子公司，成立于2001年，2021年9月公布拟以1.29亿元收购中核嘉华55%股份，加快推动新能源战略转型速度，向军工核电设备生产制造产业延伸通道。公司已形成全产业链发展格局，以化石能源装备制造、工程服务、通用机械为产业基础，以新能源、节能环保、新材料、新型法兰等产业的装备制造及服务为新动力，集研发设计、生产制造及检测、EPC工程总包、售后及检维修服务等为一体。氢能源领域主要产品为加氢反应器等用氢装备、煤气化制氢装备、储氢用球罐设备等。

该公司是我国压力容器制造龙头企业之一，立足传统高端能源装备制造，积极拓展核电、光伏光热、氢能等新能源装备制造，通过内生性增长和投资并购双轮驱动为能源装备整体解决方案服务商。公司联合高校科研院所的氢能在研项目有超高压储氢装备（45MPa/75MPa）、高压气固组合储氢容器、POX造气制氢装置废热锅炉等，"高温气冷堆核能制氢系统中的甲烷蒸汽重整反应器"研制领域有相应技术合作及储备，为后续产业化奠定基础。

3. 广东合即得能源科技有限公司

广东合即得能源科技有限公司成立于2013年6月，位于东莞市樟木头镇，秉承"动氢""水氢""移电"的理念，是国内率先攻克小型化移动制氢难题的国家高新技术企业。公司团队以水氢技术为发展重心，通过以甲醇水为原料，高度集成了甲醇水制氢和燃料电池发电技术，避开传统用氢的安全和成本问题，陆续研发生产了技术先进、国内原创的水氢机系列产品，为不同领域提供环保供能解决方案，为人们带来安全便捷、经济环保、可持续的电力供应。

随着水氢机的迭代升级，公司开始致力于水氢技术在清洁能源汽车领域的推广和应用，针对电动车续航里程短充电难、氢燃料电池汽车加氢难等问题提供切实可行的解决方案。在多年技术沉淀的基础上，公司形成了一支自主创新、开发能力全面的水氢科研团队。目前，公司拥有4万余平方米的研发生产基地，具备水氢机的规模化生产能力及与之配套产品的检验与测试能力。

4. 隆基绿能科技股份有限公司

2021年3月，隆基绿能科技股份有限公司子公司隆基绿能创投管理有限公司与上海朱雀嬴私募投资基金合资成立西安隆基氢能科技有限公司致力于氢能源的研发。公司成立后，先后与同济大学、中石化无锡高新区等机构单位达成战略合作。2021年10月，隆基氢能科技首台碱性水电解槽下线仪式在江苏无锡举行。

3.2 氢储运设备

1. 冰轮环境技术股份有限公司

冰轮环境技术股份有限公司于1989年由烟台冷冻机总厂独家发起，1998年在深交所上市。公司长期致力于气温控制领域，主要从事低温冷冻设备、中央空调设备、节能制热设备及应用系统集成、工程成套服务、智慧服务，深耕压塑机、换热技术等业务多年，围绕核心技术拓展新的产品及应用场景。

公司拥有的碳捕集技术具有领先优势，已应用于多个示范项目并开拓新运营模式，碳捕集核心装备气体增压机组、二氧化碳液化机组景气度迅速上升；氢能装备领域，公司联合有关科研院所，搭建冰轮海卓氢能源研究所，开展氢能业务重大装备的应用基础研究及共性关键技术研究，成功研制喷油螺杆氢气输送压缩机、氢燃料电池空气压缩机、燃料电池氢气循环泵、高压加氢压缩机等产品，产品整体性能达到国际先进水平，燃料电池两大核心部件空压机、氢泵，2020年国内市场占有率达60%与80%，氢泵有效填补了国内外空白。据调研，随着公司与东德、国富、重塑等氢能公司设备订单落地，氢能业绩有望持续放量。

2. 雪人股份有限公司

雪人股份有限公司的前身为长乐市雪人制冷设备有限公司，2000年成立，2011年在深交所上市，2013年并购意大利RefComp全球资产及销售业务，2015年收购瑞典OPCON公司两大核心业务，即SRM和OES两个子公司100%的股份，认购美国CN公司19.99%的股份，并合作发展离心压缩机及高端透平机械，2016年并购四川佳运油气100%股权（中石油一级物资供应商），2020年设立重庆雪氢动力科技有限公司合作发展燃料电池，水电解制氢和加氢站相关技术。主营业务涵盖制冰成套系统、压缩机、油气服务三大板块。

公司拥有 SRM 和 RefComp 两个国际知名的压缩机品牌，现已发展为世界知名压缩机制造企业，"SRMTec"氢燃料电池空压机享誉全球，为全球知名的氢燃料汽车生产商提供空气循环系统；集合多国研发人员，完善产业链尖端技术，拥有 300 多项专利技术及 500 多项关键工艺技术，掌握了螺杆压缩机及活塞压缩机的核心技术，横向延伸氢能产业领域，全方位布局燃料电池产业链，产品技术成熟稳定。随着未来燃料电池产业化的到来，公司有望率先受益。

3. 中集安瑞科控股有限公司

中集安瑞科控股有限公司前身为河北省民营燃气装备制造商"安瑞科"，2006 年开始布局氢能业务，2007 年并入中集集团。公司业务范围广泛，市占率领先，立足清洁能源、化工环境、液态食品三大行业。其中，公司清洁能源业务覆盖以天然气为主的水陆清洁能源上中下游产业链（生产加工、运轮存储、终端应用），氢能业务聚焦"储、运、加"产业链深度布局，覆盖储氢瓶、供氢系统、加氢站和高压运输车等核心装备。

公司在加氢站方面已获 2 项 EPC 合同，车载供氢系统获超 1 亿元订单，随着未来产能投产将进一步提升车载瓶、供氢系统比例。在氢能产业持续升温的大背景下，公司与 Hexagon Purus 签订合营协议，Hexagon 是全球主要的碳纤维用户，在全球最大的碳纤维供应商之一东丽的持股，利于碳纤维采购。公司未来将聚焦中国及东南亚快速增长的高压氢气储运市场，计划设立年产能约 10 万个储氢瓶的生产线，生产包括Ⅲ型和国际领先的Ⅳ型储氢瓶，布局中国及东南亚快速增长的高压氢气储运市场。未来氢能消费增长潜力巨大，有望成为公司新的业绩增长点。

4. 北京京城机电股份有限公司

北京京城机电股份有限公司前身为北人印刷机械股份有限公司，1993 年在港交所 H 股上市，1994 年在上交所 A 股上市，拥有天海工业、京城压缩机、京城香港三家子公司，公司主要产品有车用液化天然气（LNG）气瓶、车用压缩天然气（CNG）气瓶、氢燃料电池用铝内胆碳纤维全缠绕复合气瓶以及低温储罐、LNG 加气站设备等，在船用罐市场领先。

子公司术业专攻，细分领域市场地位领先。天海工业深耕气体储运装备行业二十余年，钢质无缝气瓶产销量已位居世界第一，产品出口世界五大洲四十多个国家和地区。京城压缩机是世界四大隔膜压缩机制造厂商之一，据目前公司官网披露，其产品占据国内隔膜压缩机市场 50% 以上的份额，GD4 系列更占据国内大型压缩机 80% 的市场份额。车载氢储技术取得突破，订单量跟进巩固市场地位，拥有亚洲地区最具规模的、技术水平最先进的铝内胆碳纤维全缠绕复合气瓶的设计测试中心及生产线，Ⅲ型储氢气瓶已批量应用于氢燃料电池汽车、无人机及燃料电池备用电源领域。2021 年 5

月，公司进一步推出具有完全自主知识产权的Ⅳ型储氢瓶，该产品与同规格Ⅲ型瓶相比重量可降低约30%，质量储氢密度更高，为氢燃料电池汽车提供了轻量化车载供氢系统新选择，这将加快公司与国内知名整车厂对接的步伐，转化为更多订单。

5. 杭氧集团股份有限公司

杭氧集团股份有限公司由原杭州杭氧科技有限公司于2002年整体变更设立，前身是1917年设立的军械修理厂，1956年研制成功第一台制氧机，1961年建成第一个空气分离及液化设备的生产基地。公司主要从事空气分离设备、石化设备的设计、生产与销售，以及气体销售。空分设备主要用于生产氧气、氮气、氩气等工业气体，广泛应用于金属冶炼、化工、煤化工、炼化等行业。石化设备包括乙烯冷箱、液氮洗冷箱、丙烷脱氢装置、CO/H_2分离装置和天然气液化装置等，是公司在空分设备上的横向拓展和延伸。气体销售包括常规气体、稀有气体、其他特种气体。

该公司是国内最大的空分设备公司和国内大型的工业气体运营商。空分设备等级、先进性与稳定性领先同行，市场占有率高，有望继续拓展国内外市场。气体业务已成长为公司收入增长第一动力，下游传统与新兴应用领域需求较旺，项目数量不断增加，市场空间也将大幅打开。股权激励计划草案发布，深度绑定公司与员工利益，激发积极性。公司在氢能业务领域有所布局，能够生产分离装置、氢气膨胀机，在工业副产氢液化储运方面具备技术储备。

6. 杭州中泰深冷技术股份有限公司

杭州中泰深冷技术股份有限公司系由杭州中泰过程设备有限公司于2011年整体改制设立，2015年在深交所上市，2019年11月收购山东中邑燃气。公司是深冷技术工艺及设备提供商，业务定位为"以深冷技术研发为核心、关键设备制造为基础、成套装置供应为重点、清洁能源建设为方向"，形成板翅式换热器、冷箱和成套装置三大产品主线，应用于煤化工、天然气、石油化工、电子制造以及氢能源等领域。

公司是深冷设备龙头，核心设备板翅式换热器设计及制造水平已处国内领先水平，并已出口至二十多个国家和地区。氢能领域公司已在制氢—储氢—加氢站全产业链有所布局：制氢方面，公司具备成熟的大规模制取高纯度氢的技术以及业绩，在煤制氢的深冷分离工艺段已取得国内领先地位；储氢领域，公司具备为大规模氢液化提供核心设备的业绩；加氢站领域，将借助重组标的公司山东中邑成熟的加气站网络，利用公司现有技术布局加氢站，在氢能市场化应用时可快速切入市场。制氢项目加速推进，2021年5月，与赤峰市政府等签署了框架合作协议，旨在利用内蒙古赤峰市地区优异的风电、光伏资源开发低成本的可再生能源电解制氢技术。

7. 成都深冷液化设备股份有限公司

成都深冷液化设备股份有限公司成立于2008年，2016年在深交所上市。公司专注于天然气液化及液体空分领域，致力于气体低温液化与分离技术工艺的研究，主营业务是为客户提供天然气液化与液体空分工艺包及处理装置，在进军氢能源方面具备得天独厚的优势。

公司近年来在氢气的制取和分离提纯、氢气的液化、氢气的储运及加注等领域开展了相关技术的研发工作，已经拥有氢液化装置、深冷分离制氢、液氢储罐等相关技术专利，已具备制氢、氢液化、氢储运及加注等氢能源装备的设计、制造一站式解决方案提供能力，并正探索研究氢燃料电池等技术和产品应用。

2021年5月，公司与控股股东交投实业签署了《战略合作备忘录》，拟在综合能源（油、氢、气、电）装备制造服务领域开展深入合作，双方将合作打造氢能源示范工程、参与"成渝氢走廊"建设、服务区综合能源站建设、综合能源站设施设备运维管理服务。2021年7月，公司与张家口市交投壳牌新能源有限公司签署了《绿色氢能一体化示范基地项目成套氧液化系统采购合同》，公司将提供成套氧液化系统，有效将液化空气技术应用于氢能业务，有利于公司进一步丰富氢能源相关制取、储运技术的积累。

8. 亚普汽车部件股份有限公司

亚普汽车部件股份有限公司于1993年成立，2018年在上交所上市，实控人为国家开发投资集团。公司以满足传统和新能源汽车储能产品的多元化需求为使命，研发制造传统汽车燃油系统、尿素存储供给系统、混合动力汽车（含插电式）高压燃油系统以及纯电动汽车用的电池包壳体（复合材料）等。

新旧能源齐发力深度绑定海内外知名车企，将主要客户由国际汽车厂、国内汽车厂拓展至蔚来等创新汽车新势力。借势区域氢能产业发展推广产品进军氢燃料电池汽车市场，公司自主研发的Ⅲ型35MPa车载储氢系统将搭载"成渝氢走廊"项目进行示范运行，后续将以此项目为载体，搭建完整的氢系统集成能力。技术路径稳步升级，围绕低成本碳纤维、燃料电池用碳纸和Ⅳ型储氢瓶无损检测等项目的产学研合作也在有序推进，自主研发的Ⅳ型70MPa小容积车载储氢瓶目前正在搭载整车台架进行相关性能验证。

9. 张家港富瑞特种装备股份有限公司

张家港富瑞特种装备股份有限公司前身为张家港市富瑞锅炉容器制造有限公司，成立于2003年，并于2011年在深交所上市。公司专业从事天然气液化和LNG储存、运输及终端应用全产业链装备制造并提供一站式整体技术解决方案，瞄准新能源行业趋势，公司发挥LNG领域多年积累技术，针对下一代氢燃料电池重卡开发液氢技术的车用供氢系统及相关装备。

巩固LNG装备领域优势地位，把握氢能产业机遇。针对下一代氢燃料电池重卡开发液氢技术的车用供氢系统及相关装备如新型球阀、氢阀、HPDI 带泵气瓶、液氢气瓶、液氢装卸臂等领域进行重点研发，增强产品的技术壁垒和市场竞争力。公司 2020 年度定增方案落地，募集资金总额约 4.71 亿元，募投项目主要用于 LNG 产业链相关产品，以及包含氢燃料电池车用液氢供气系统及配套氢阀研发项目。2021 年，公司重点推进了富瑞深冷液氢气瓶的小批量试制。目前，与氢能源相关的量产化产品主要是高压氢阀，2020 年实现不含税销售收入约 1200 万元。

10. 长春致远新能源装备股份有限公司

长春致远新能源装备股份有限公司成立于 2014 年，2021 年在深交所上市。公司为国内重型卡车、工程车等商用车 LNG 供气系统的生产商，主要从事车载 LNG 供气系统的研发、生产和销售，客户为国内知名整车生产厂商。

公司具备较强的自主创新能力，在 LNG 气瓶结构设计、铝合金结构件组焊装配等方面优势明显，在供气系统智能化、框架轻量化等领域具有多项自主研发的核心技术成果。车载 LNG 供气系统领域技术水平及制造工艺优良，市场布局多年，与国内大型整车厂保持稳定的密切合作关系。氢能领域公司目前对车用液氢供气系统及液氢储罐进行技术储备，并通过增资持有江苏申氢宸 30% 股权拓展氢能产业链。江苏申氢宸主要产品为燃料电池阳极端核心部件，业务正逐步进入量产阶段。

3.3 氢加注设备

厚普清洁能源股份有限公司（以下简称厚普股份）是 2011 年由成都华气厚普机电科技有限责任公司整体变更成立的股份有限公司，2015 年在深交所上市。公司专注清洁能源装备行业，由传统的天然气车用装备业务领域扩展到天然气船用装备领域、氢能源装备领域及能源物联网等业务领域，业务涵盖天然气、氢能加注设备的研发、生产和集成；清洁能源领域及航空零部件领域核心零部件的研发和生产；天然气和氢能源等相关工程的 EPC。

厚普股份自 2013 年开展氢能相关领域业务，设立国内首家箱式加氢站，在加氢站领域已形成了从设计到关键部件研发、生产，成套设备集成、加氢站安装调试和技术服务支持等覆盖整个产业链的综合能力。公司自主研发的 100MPa 氢气质量流量计、70MPa 加氢机、70MPa 加氢枪成功推向市场，打破了国际垄断，提高了国产设备的竞争力。公司产品覆盖海内外多区域，主要客户为各大石油集团、各大燃气集团、各地交运集团。低压固态储氢装备的研究开发，活塞式氢气压缩机的运行测试，使公司在氢能制、储、运、加全产业链的核心竞争力得到强化巩固。

3.4 燃料电池动力系统

1. 潍柴动力股份有限公司

潍柴动力股份有限公司（以下简称潍柴动力）成立于 2002 年，实控人为山东国资委，2007 年于深交所上市。公司以整车、整机为龙头，以动力系统为核心技术支撑打造具核心竞争力的产品，形成动力总成（发动机、变速箱、车桥、液压）、整车整机、智能物流等产业板块协同发展的新格局。

公司是中国综合实力领先的汽车及装备制造产业集团，2016 年起布局氢燃料电池技术路线，2016 年战略投资弗尔赛，2018 年整合加拿大巴拉德，经过多次合资、并购，公司已经掌握了氢燃料、固态氧化物电池、空压机、电机等领域的研发与生产能力，尤其是燃料电池系统的关键核心技术。与瑞士飞速集团战略合作，进一步纵向延伸燃料电池产业链布局，提高燃料电池动力总成的核心竞争力，弥补我国氢燃料电池核心部件短板。2020 年，潍柴动力全面启动燃料电池产业园建设项目，建成了两万套级产能的燃料电池发动机及电堆生产线，是目前全球最大的氢燃料电池发动机制造基地，可配备客车、重卡、叉车等。新业务的拓展有望为潍柴动力打开未来成长空间。

公司主要产品包括全系列发动机、变速箱、车桥、液压产品、重型汽车、叉车、供应链解决方案、燃料电池系统及零部件、汽车电子及零部件等。其中，发动机产品远销全球 110 多个国家和地区，广泛应用和服务于全球卡车、客车、工程机械、农业装备、船舶、电力等市场。"潍柴动力发动机""法士特变速器""汉德车桥""陕汽重卡""林德液压"等深得客户信赖，已形成品牌效应。

2. 安徽全柴动力股份有限公司

安徽全柴动力股份有限公司是于 1998 年由全柴集团独家发起重组募资设立，母公司是全柴集团，实控人是全椒县人民政府，1998 年在上交所上市。公司聚焦于发动机的研发、制造与销售，形成了以车用、工业车辆用、工程机械用、农业装备用、发电机组用为主的动力配套体系，是目前国内主要的四缸柴油机研发与制造企业。全资子公司安徽元隽氢能源主要从事氢燃料电池核心零部件及系统模块的自主研发。

该公司是我国柴油机行业的龙头企业，"全柴"牌产品已发展为单、多缸并重，有五大系列六十余个品种，是北汽福田、一汽红塔、江淮汽车等国内知名厂商的特约供应商。公司氢燃料电池行业发展仍处在早期阶段。2021 年 10 月启用非公开发行募集资金 1 亿元专项用于"氢燃料电池智能制造建设项目"的实施，计划建设完成质子交换膜实验室、膜电极实验室、检测中心和生产车间。项目投入使用后形成质子交换膜、膜电极各 20000 平方米/年、燃料电池动力系统产能 2000 台套/年的生产能力。

3. 深圳市雄韬电源科技股份有限公司

深圳市雄韬电源科技股份有限公司成立于 1994 年，2014 年在深交所上市。公司主要从事化学电源、新能源储能、动力电池、燃料电池的研发、生产和销售业务，主要产品涵盖阀控式密封铅酸蓄电池、锂离子电池、燃料电池三大品类。氢能产业链上已完成制氢、膜电极、燃料电池电堆、燃料电池发动机系统、整车运营等关键环节的卡位布局，加紧开发氢质子交换膜燃料电池。

公司坚持技术创新道路，设立研究机构，组建庞大的尖端技术人才队伍，燃料电池研发人才储备现超 100 人，核心团队具有多年的燃料电池电堆开发经验，已成长为氢燃料电池领域龙头之一，掌握现阶段我国通过 CNAS 认证的最大功率氢燃料电池发动机，开发出成熟的石墨双极板电堆产品，在产品技术和品控上均达到国内外领先水平。

公司积极推进氢燃料电池产业化应用。2017 年 11 月，公司与武汉经济技术开发区管理委员会签订《投资合作协议》，计划投资 50 亿元建设雄韬氢燃料电池产业园，3~5 年之内建成产能不少于 10 万套的氢燃料发动机系统生产基地，并在湖北省范围内推广不少于 5000 辆氢燃料整车。2019 年，与国家电力投资集团达成 50 亿元氢能源项目战略合作框架协议，主要包括 40MW 分散式风电项目、规划建设加氢站和公交物流运输示范项目，欲打造制氢—储氢—运氢—用氢一体化能源产业链；2019 年 11 月，公司与相关合作方签订合作框架协议，助力大同氢都建设。截至 2021 年，公司燃料电池发动机系统已匹配 240 辆燃料电池车，并已投入示范运营，运营里程超过 1000 万千米，2021 年 11 月搭载雄韬氢能燃料电池系统的氢能公交与环卫车辆的 90 辆最新采购订单将有助于奠定公司市场地位。

4. 北京亿华通科技股份有限公司

北京亿华通科技股份有限公司（以下简称亿华通）于 2012 年成立，成立后即开始研发燃料电池系统，2013 年推出燃料电池系统，2015 年收购上海神力科技，拓展了氢燃料电池电堆技术，形成了"电堆—发动机—动力系统"产业链，2020 年于科创板上市，2021 年推出了 80kW、120kW 燃料电池系统，联合丰田汽车成立华丰燃料电池有限公司。公司在 2019—2020 年第 8 期工信部目录上的产品装配率排第一，市占率在 20% 左右，国内领先。

公司自主研发、推动国产化降本，保持了核心竞争力，受益于新政对关键零部件的补贴。公司实现了燃料电池系统核心部件电堆和膜电极在子公司神力科技和亿氢公司的工业化生产，并实现了其他零部件的国产化。亿华通于 2021 年 12 月向市场发布了首个 240kW 型号，是国内首款额定功率达到 240kW 的车用燃料电池系统。目前，亿华通自主研发的主要是基于石墨板电堆的燃料电池系统，与丰田成立合资公司以后，也开始研发基于金属板电堆的燃料电池系统，实现"石墨板+金属板"双技术路线布局。

公司在下游客户资源和地域上有优势，受益于示范城市群推进，订单可期。公司绑定下游客户宇通客车、北汽福田、申龙客车、水木通达等，同时是现阶段进入城市数量最多、配套厂商家数最多的系统厂商。

5. 中山大洋电机股份有限公司

中山大洋电机股份有限公司（以下简称大洋电机）成立于2000年，2008年于深交所上市。大洋电机以传统家电电机业务起家，2009年开始涉足电动车动力总成业务，相继收购芜湖杰诺瑞、北京佩特来、美国佩特来、上海电驱动，设立广东大洋电机新能源公司，奠定了其在国内电动车动力总成领域的霸主地位。大洋电机氢燃料电池业务主要产品包括氢燃料电池发动机核心零部件、氢燃料电池发动机（自主研发氢燃料电池控制器）和氢燃料电池动力总成系统等，具备3000套氢燃料电池系统的生产能力。

产品开发方面，2021年上半年公司已完成110~120kW燃料电池模组样品及多项高功率氢燃料电池模组的核心零部件的开发、性能和可靠性验证。产品应用方面，氢燃料电池道路车辆应用取得进展，新增3款搭载公司氢燃料电池的车型，另有2款车型正在准备整车研制，同时拓展氢燃料电池产品在特殊场景下的非道路工程机械、船舶、应急电源等领域的应用。公司持续推进氢能产业战略布局，重点聚焦"广东省大湾区示范城市群"，西南地区的"成渝地区双城经济圈示范城市群"。2021年5月13日，大洋电机氢能全产业链示范基地正式签约成都，总投资约5亿元，将建设集燃料电池中央研究院、燃料电池系统及核心装备、制氢加氢装备研发制造、燃料电池UPS装备等于一体的氢能全产业链示范基地。

6. 金通灵科技集团股份有限公司

金通灵科技集团股份有限公司（以下简称金通灵）前身为江苏金通灵风机有限公司，成立于2008年，2010年在深交所上市。公司专注于大型工业鼓风机、压缩机、蒸汽轮机等流体机械领域，依托高效气化炉、小型高效再热锅炉、高效汽轮机为核心的小型发电岛成套技术开拓新能源、可再生能源等业务。

金通灵在氢能利用、生物质合成气制氢方面，拥有一定的技术储备及业务规划。海外技术合作颇具成效，公司自2020年与瑞士CELEROTON公司开展技术合作以来，联合开发了两款具有国际先进技术的氢燃料电池压缩机。公司在国内建立年产1万台的全套生产流水线于2022年初投产，带动了公司氢能板块业绩。

7. 广东国鸿氢能科技有限公司

广东国鸿氢能科技有限公司是以氢燃料电池为核心产品的高科技企业。公司致力于通过规模化生产使氢燃料电池能广泛应用于车、船、无人机、轨道交通、分布式发电、备用电源等领域，为我国庞大的水、风、光等可再生能源闲置产能和海量工业副产氢提供安全高效的应用方案，为解决我国能源的环保问题、结构问题和安全问题贡献一份智慧和力量。

作为中国氢能产业发展的领军企业，公司与加拿大 Ballard 公司和上海重塑分别成立合资公司，生产业界领先的电堆和系统模块，并与清华大学、上海交通大学、西南交通大学、北京理工大学、华南理工大学、上海大学、南方科技大学、中国科学院化学物理研究所等科研院校通过联合实验室等形式结成紧密合作关系，全力推动氢燃料电池及上下游各环节的市场化应用，目前已成为国内最优秀的氢能制储运加整体解决方案集成服务企业之一。

第4章 氢能源产业市场发展

受限于主客观因素，当前氢燃料电池在新能源领域渗透率远低于锂电池，未来随着技术进步、量产和加氢基础设施进一步落地，氢燃料电池有望在新能源商用车领域大有作为。未来新能源氢燃料电池行业发展有三大展望：商用化提速、自主率规模化降成本、上中下游协同发展。

一是氢燃料电池起步虽晚，但未来亦将步入商用化和产业化快速发展阶段，市场可扩展空间广大。2015—2019年，我国燃料电池车市场初步有所突破，中汽协数据表示，其间年销量从2015年的10辆上升至2019年的2737辆。2020—2025年，新能源燃料车和氢燃料电池进入发展起步阶段，2021年全国氢燃料电池汽车保有量约为6000辆。根据《节能与新能源汽车技术路线图2.0》的发展目标，预计到2025年，氢燃料电池汽车保有量有望达到10万辆，氢燃料商用车年销量约达1万辆。

二是未来国产自主可控和规模化提速，氢燃料电池成本下降，成为助推市场加速渗透的关键因素。一方面，未来国产自主可控率加速提升。2017—2020年，我国燃料电池系统国产化率约从30%上升至70%，从掌握系统集成、双极板技术，到电堆、膜电极等核心部件自主可控率大幅提升，未来质子交换膜等核心材料加速研发将推动燃料电池国产化率进一步提升。另一方面，规模化对燃料电池成本下降影响显著。与2010年以来锂离子电池成本下降过程相似，规模化将成为影响燃料电池系统成本下降的助推因素，燃料电池成本降幅约达70%。

三是氢燃料电池将依托于氢能产业链，上中下游全方位协同发展。氢燃料电池市场发展是一项系统性工程，氢燃料电池商业化应用加速需要相对完善的氢能产业链配套。氢能产业链上游包括氢气制取、氢气纯化、氢气液化等环节，中游包括发展储氢运氢装置，实现气态、液态、固态储运等，下游包括加氢基础设施建设及氢的综合应用。氢燃料电池商业化迅速普及，需依托于氢能产业上中下游协同发展，上游获得环保、成本低廉的氢能源，中游实现安全储运，下游实现大规模便利加氢。《中国氢能源及燃料电池产业白皮书》预计，到2050年氢能产业链产值将超过10万亿元。

第 5 章　氢能源产业专利布局分析

5.1　专利申请趋势分析

5.1.1　全球及主要国家申请趋势

专利申请趋势，在一定程度上反映了技术的发展历程、技术生命周期的具体阶段，并在一定程度上可以预测未来一段时间内该技术的发展趋势。氢能源产业全球及主要国家专利申请趋势，分别如图 5-1、图 5-2 所示。

图 5-1　氢能源产业全球专利申请趋势

通过图 5-1 公开的数据显示，截至 2022 年 12 月 31 日，氢能源产业全球专利总申请量为 173582 项，在 1992 年之前每年的专利申请量不超过 1000 项，1992 年开始专利申请量呈较为明显的逐年递增趋势，并在 2000 年以后呈现快速增长的趋势。2006 年，氢能源产业专利年申请量达到峰值 7118 项以后，呈现缓慢下降的趋势，直到 2011 年再次呈现缓慢增长的趋势，并于 2021 年达到最高值 12186 项（经统计，2022 年的全球专利申请量为 7987 项）。

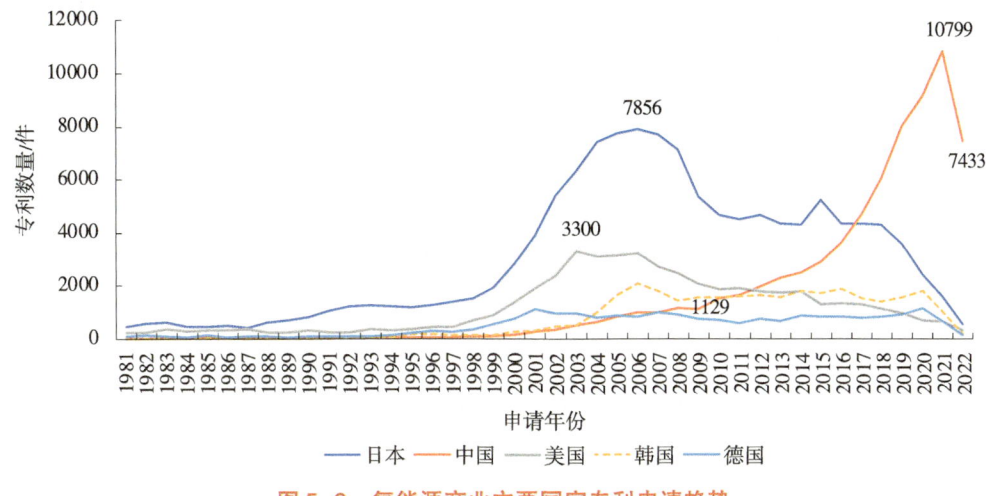

图 5-2　氢能源产业主要国家专利申请趋势

如图 5-2 所示，中国从 1985 年专利法实施开始，在氢能源产业的专利申请刚开始处于较为空白的局面，直到 2000 年后呈快速增长的趋势，2008 年突破千件达到 1129 件的年申请量，并于 2021 年达到最高，为 10799 件（经统计，2022 年的中国专利申请量为 7433 件）。而其他国家，虽然开始年专利申请量都呈增长的趋势，但是，日本在 2004 年达到峰值 7856 件后，年申请量呈快速下降的趋势，美国在 2003 年达到峰值 3300 件后也呈缓慢下降的趋势，德国与韩国在氢能源产业整体的专利年申请量不高，近几年韩国的专利年申请量在 1000~2000 件区间波动，德国则一直在 500 件上下波动。结合图 5-1 可以看出，氢能源整体产业在 2006 年以后的专利年申请量呈下降的趋势，在很大程度上和日本、美国的专利申请量减少有关，2010 年以后呈缓慢增长的趋势，可能得益于中国的专利年申请量在快速增长。

5.1.2　广东省及佛山市专利申请趋势

图 5-3 与图 5-4 展示了广东省、佛山市的专利申请趋势以及东莞市、深圳市、广州市、佛山市的专利年申请情况对比。从图中可以看出，广东省在氢能源产业方面的专利年申请量呈逐年增长的趋势，并从 2014 年后快速递增，整体数量为 5932 件，其中以发明专利申请为主，发明专利申请占比超过 60%，2021 年专利申请数量最多，为 1205 件，而佛山市在整个广东省的氢能源产业中的专利占比不大。按专利占比的整体趋势来看，占整个广东省数量最高的城市为深圳市，为 1967 件；其次为广州市与东莞市，分别为 1785 件与 733 件；佛山市的专利申请总量为 580 件，其中 2022 年佛山市申请的现已公开的数据显示，该年共申请了 224 件，这和佛山市市政府大力支持氢能源产业发展有很大关系。

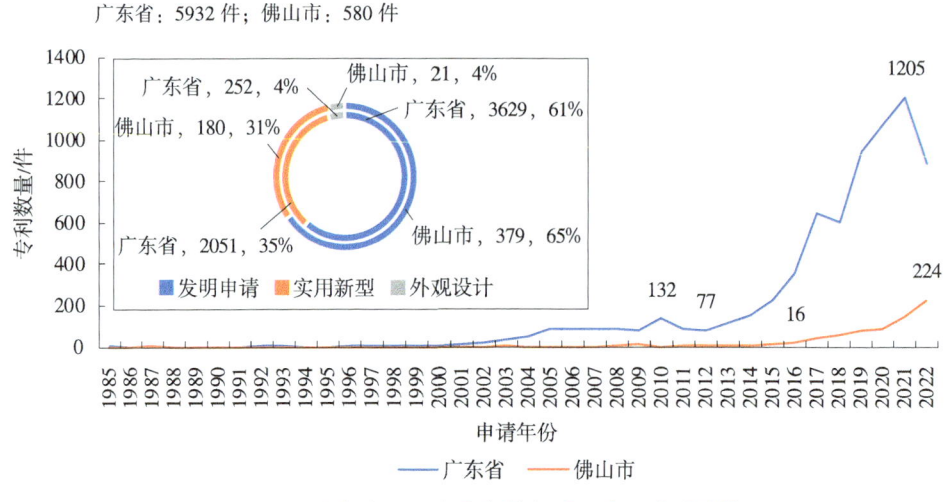

广东省：5932件；佛山市：580件

图5-3 广东省及佛山市氢能源产业专利申请趋势

图5-4 广东省主要城市氢能源产业历年专利申请情况对比

5.2 专利申请地域分析

对专利申请的地域进行分析在一定程度上可以反映某项专利技术在某地域的被关注程度。专利申请地域的分析可分为专利技术的来源国与目标国分析，专利技术来源国申请量，可以反映某国家或地区的技术创新能力和活跃程度；而对专利技术目标国的分析，可以反映某技术领域在不同国家或地区的被重视程度，通常，只有技术研发较为密集或者市场开发潜力更大的地域，申请人才会重视该国家或地区的专利布局。

图5-5与图5-6显示，氢能源产业全球专利的申请量主要分布在日本、中国、美国、韩国等国家。其中，日本不论是作为专利申请人国别还是作为专利公开国别，其

专利申请量都处于遥遥领先的位置。截至 2022 年 12 月 31 日公开的数据显示，氢能源产业全球专利中日本申请人的专利申请量为 91690 件，紧随其后的是中国大陆申请人与美国申请人，分别为 55372 件与 38930 件。通过上述专利公开国排名和申请人国别排名对比可以看出，各个国家专利申请人的专利申请量与该国的专利公开量数据或多或少有些差距，甚至对于日本、中国两国来说，数据差距在万级以上，其中主要原因可以参考表 5-1 的分析内容。

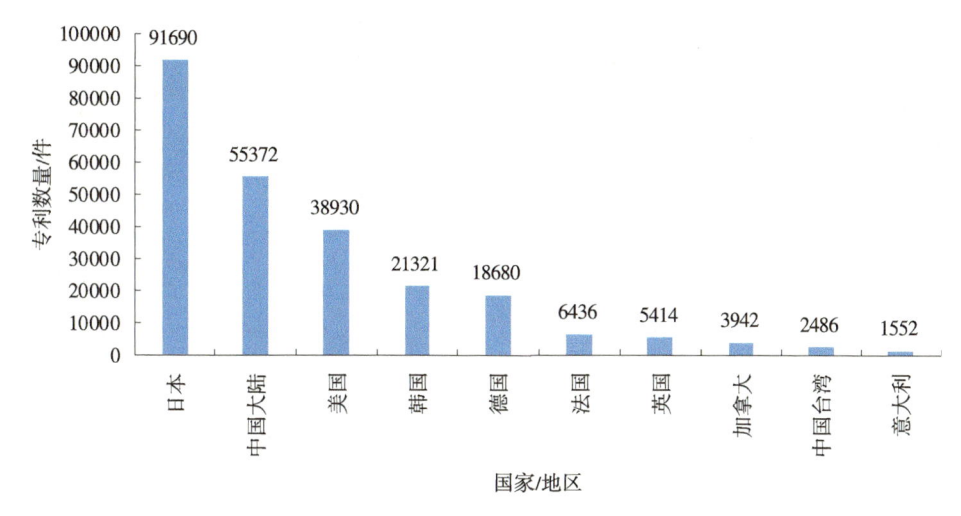

图 5-5 氢能源产业全球专利申请人国家/地区排名

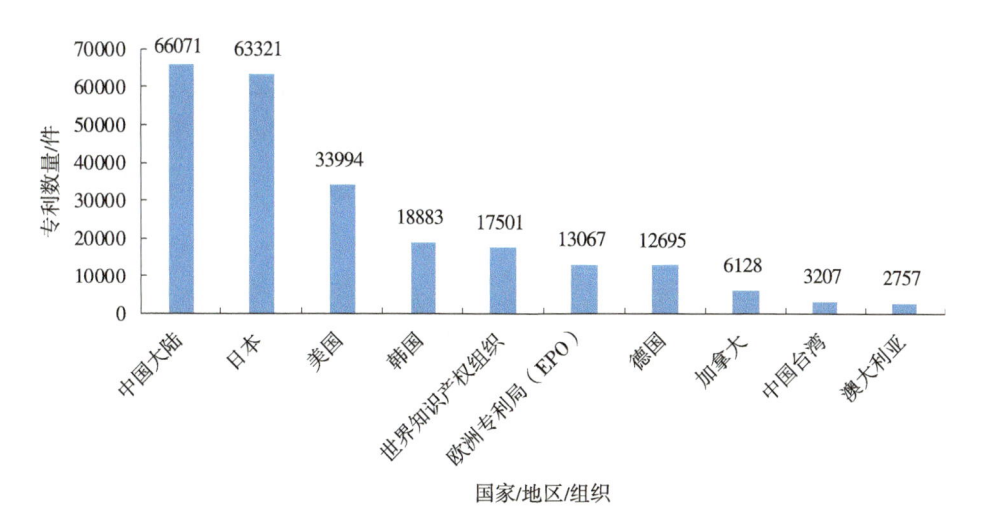

图 5-6 氢能源产业全球专利公开国家/地区排名

表 5-1　氢能源产业主要专利技术来源地与市场地

技术市场地 \ 技术来源地	日本	中国大陆	美国	韩国	德国	中国台湾
日本	56352	137	3390	996	976	182
中国大陆	5725	53589	2519	1461	1054	0
美国	10252	415	13747	3028	2564	620
韩国	2486	75	1404	13470	548	25
德国	2406	22	2275	556	6683	43
中国台湾	857	31	578	67	51	1454
世界知识产权组织	5655	721	4801	897	2315	3
欧洲专利局（EPO）	4708	124	2893	646	1694	100

表 5-1 展示了氢能源产业专利技术来源地与市场地的专利数量分布情况，从表中可以看出，截至 2022 年 12 月 31 日，日本为氢能源产业第一大技术来源地，共在全球申请 91690 件专利，其中有 56352 件专利技术是在日本国内进行布局，在其他国家/地区的专利布局也比较多，其中在美国有 10252 件专利，在中国大陆有 5725 件专利。第二大技术来源地为中国大陆，中国大陆也主要是在本土进行专利布局，在中国大陆的专利数量为 53589 件，约占中国大陆在全球专利申请总量的 96.78%，而中国大陆作为技术来源地在国外专利布局较多的美国与日本，专利数量也仅分别为 415 件与 137 件。作为氢能源产业第三大技术来源国的美国，在全球专利布局均较多，其中在美国本土的专利布局数量为 13747 件。而作为技术来源地排在中国大陆后面的韩国、德国，其在本土之外的其他国家/地区的专利技术布局情况也比中国大陆的情况乐观许多，其技术市场地较广，对于国外氢能源产业的市场把握度更高。可见，中国对于海外市场的关注度并没有日本、美国等国家那么高，为了拓展海外氢能源相关业务，需要加大在美国、日本等海外的专利布局，不能将氢能源产业技术目标仅限于国内市场。

5.3　专利申请人分析

5.3.1　全球及中国专利申请人分析

图 5-7 为氢能源产业全球专利申请号合并后申请量排名前十的申请人，从图中可以看出，氢能源产业的主要专利申请人几乎集中在海外，前十名中日本占据七位，其余有两位分别为韩国的现代汽车集团（6785 件）与三星集团（4752 件），以及中国的中国科学院大连化学物理研究所（1145 件）。具体地，居于前三的均为日本的企业，

分别是丰田汽车公司（21692件）、本田汽车公司（10313件）、尼桑汽车公司（8155件），排名第六的三菱重工的专利数量为4595件，排名第七的松下公司专利申请总量为4168件，排名第八的东芝公司专利申请总量为4166件。可见，氢能源产业专利技术的头部申请人主要为日本企业。

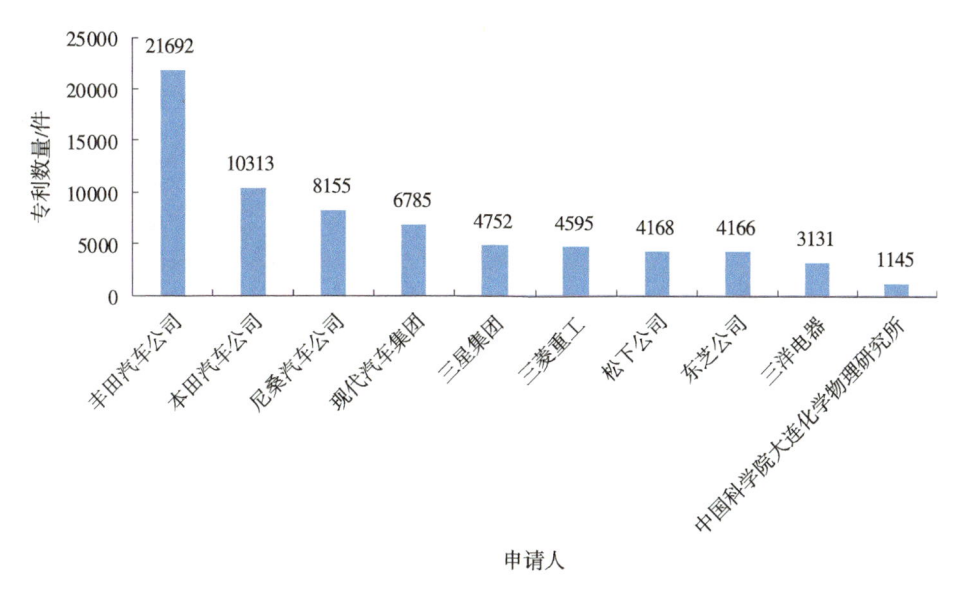

图5-7 氢能源产业全球专利申请人排名

氢能源产业中国专利申请人排名如图5-8所示，其中排名第一的为日本申请人丰田自动车株式会社，在中国申请专利共计1611件，而中国科学院大连化学物理研究所与北京亿华通科技股份有限公司位居第二与第三，分别申请了1096件与671件中国专利；排名前十五的国外申请人还包括韩国的现代自动车株式会社（571件），日本的本田技研工业株式会社（517件）、松下电器产业株式会社（489件）、日产自动车株式会社（381件）。而中国的企业申请人还包括新源动力股份有限公司（503件）、武汉格罗夫氢能汽车有限公司（497件）、中国石油化工股份有限公司（429件）以及北京亿华通科技股份有限公司（671件）；另外进入前十五的中国申请人还有高校申请人清华大学（511件）、浙江大学（488件）和西安交通大学（411件）。由此可见，在氢能源产业的中国专利市场，除了中国本土的几家企业与高校，日本企业占据了相当大的比例。

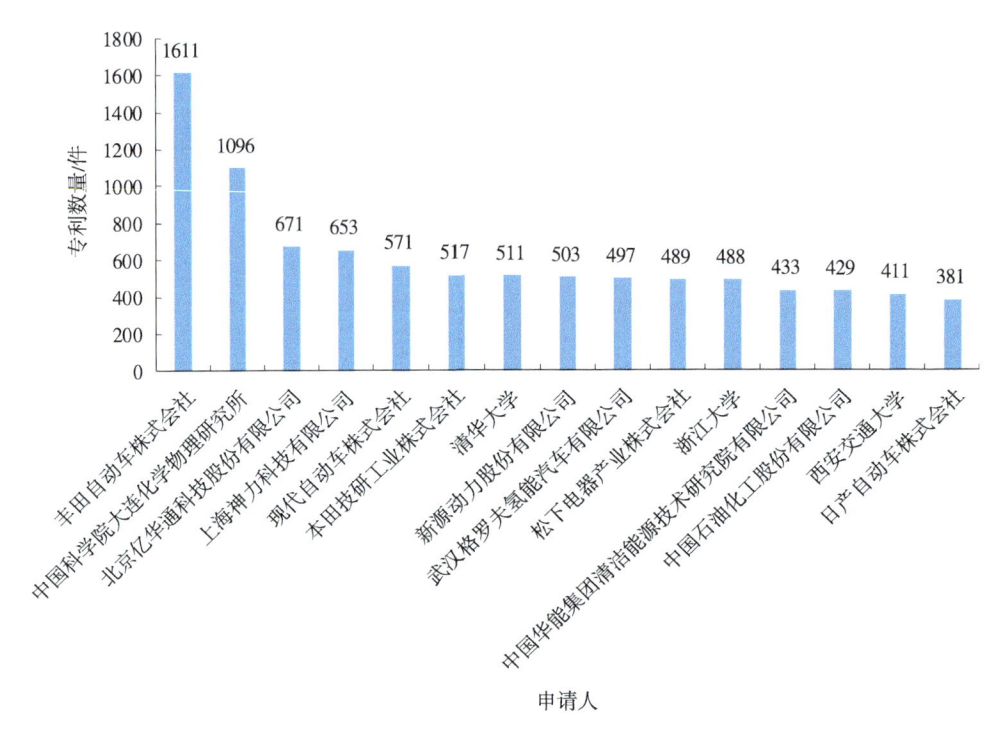

图 5-8　氢能源产业中国专利申请人排名

5.3.2　广东省及佛山市专利申请人分析

广东省专利申请人排名如图 5-9 所示，以高校与企业为主，在前三名中，华南理工大学作为高校代表在氢能源产业中的专利申请量排名第一，总计 375 件，作为企业申请人的广东合即得能源科技有限公司与广东国鸿氢能科技有限公司位列第二与第三，申请量分别为 279 件与 145 件。另外，在前十五名申请人中，企业申请人还有珠海格力电器股份有限公司（121 件）、中山大洋电机股份有限公司（108 件）、比亚迪股份有限公司（92 件）、广东能创科技有限公司（76 件）、广东醇氢新能源研究院有限公司（81 件）、深圳国氢新能源科技有限公司（79 件）、深圳氢爱天下健康科技控股有限公司（73 件）、深圳市雄韬电源科技股份有限公司（83 件）、深圳市氢蓝时代动力科技有限公司（80 件）。由此可见，广东省氢能源产业的企业申请人占据的位次较多，这些企业对氢能源产业的发展发挥了举足轻重的作用。高校与科研院所申请人还有中山大学（109 件）、广东工业大学（100 件）、中国科学院广州能源所（77 件）。

佛山市氢能源产业专利申请人排名如图 5-10 所示，基于佛山市与云浮市氢能产业转移工业园的特殊合作关系，根据相关部门领导的指示，将该工业园中企业的相关专利计算到佛山市的专利统计中。佛山市在氢能源产业的专利布局不多，其中排名前五的分别为佛山仙湖实验室（54 件）、佛山市清极能源科技有限公司（53 件）、佛山科学技术学院（45 件）、佛山索弗克氢能源有限公司（33 件）以及广东卡沃罗氢科技有限公司（33件）；排名后五名的分别为广东省武理工氢能产业技术研究院（20件）、广东佛燃科技有限公司（11件）、广东爱德曼氢能源装备有限公司（11件）、广东环华氢能科技有限公司（11件）、佛山（云浮）氢能产业与新材料发展研究院（10件）。由此可见，佛山市除了对于氢能源的产业化进行大力发展外，还需要继续加大各方面投入力度，引进相关企业与相关高科技人才，提高技术创新能力和专利布局情况。

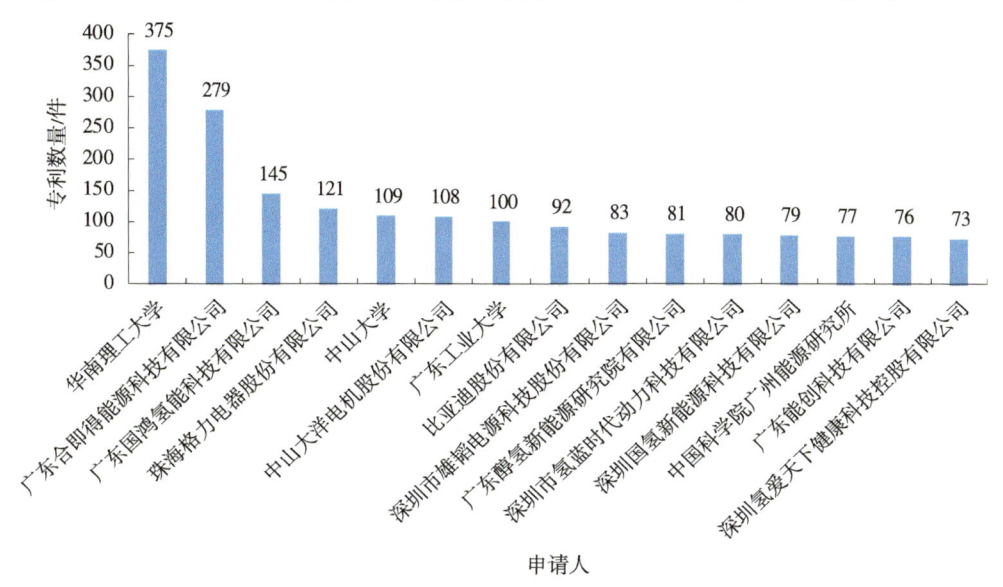

图 5-9　氢能源产业广东省中国专利申请人排名

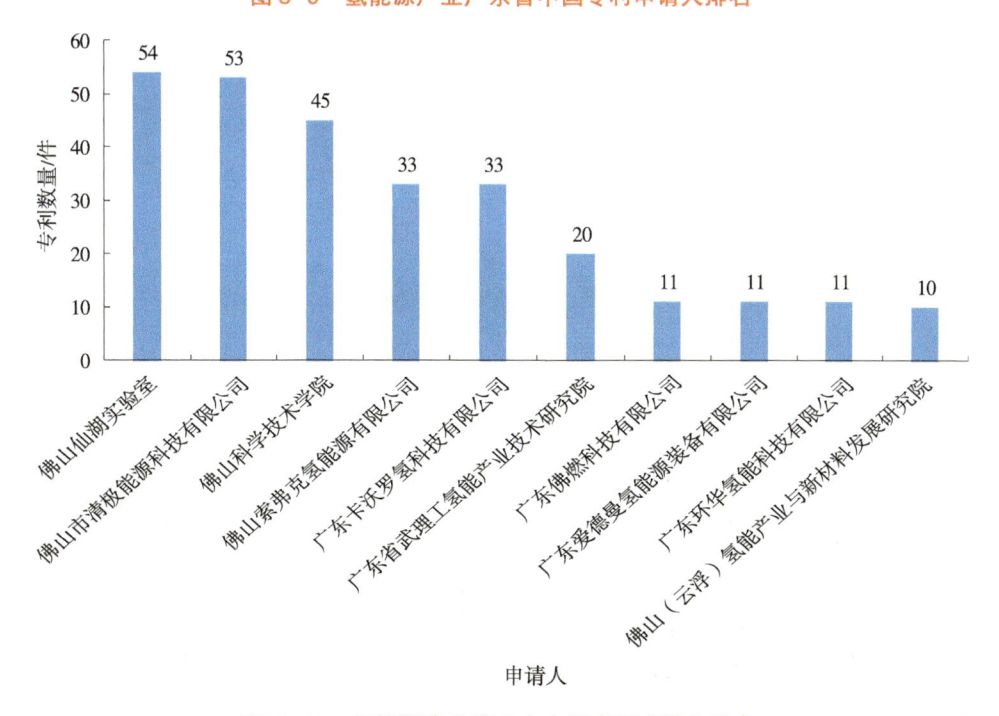

图 5-10　氢能源产业佛山市中国专利申请人排名

5.4 专利技术构成分析

各国经过多年的发展，氢能源产业链逐渐完善。其中，氢能源上游为氢气的制备，主要有电解水制氢、化石燃料制氢、化工原料制氢、工业尾气制氢以及新型技术制氢等；中游为氢气的储运，主要包括高压气态储运、低温液态储运、固态储运以及有机液态储运；下游为氢能源的应用，主要包括加氢站与氢燃料电池的应用。

5.4.1 全球及中国专利技术构成

氢能源产业全球及中国专利技术构成如图 5-11 所示，对于全球专利合并简单同族从技术方案数量的角度入手，对于中国专利合并申请号从专利申请数量的角度来看，不管是全球范围还是中国范围内，下游应用的专利技术占比最大，都达到了总专利数量的 50% 以上。首先，在全球范围内，下游应用占比 63%，在中国范围内的下游应用专利技术占比 53%，这在很大程度上与下游应用中的氢燃料电池专利技术数量较高有关。其次，上游制氢技术占比居中，全球范围内，上游制氢专利技术占比 26%，在中国范围内的上游制氢专利技术占比 34%。最后，中游储运专利技术在全球范围内占比 11%，在中国范围内占比 13%。

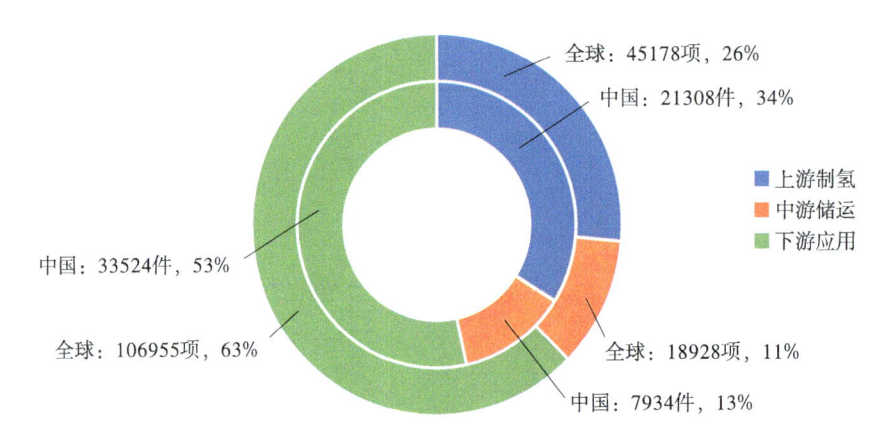

图 5-11 氢能源产业全球及中国专利技术构成

5.4.2 广东省及佛山市专利技术构成

广东省及佛山市氢能源产业的专利技术构成如图 5-12 所示，合并申请号后，其专利申请主要集中在下游应用领域。广东省下游应用领域的专利数量占该省氢能源产业总专利数量的 47%，佛山市下游应用领域的专利数量占该市氢能源产业总专利数量的 55%。广东省在上游制氢领域的专利占比也比较高，达到了 42%，佛山市在这部分的专利占比也有 31%。中游储运和全球、中国一样，均占比较小，广东省在中游储运领域的专利技术占全省氢能源专利技术的 11%，佛山市在中游储运领域的专利技术占全市氢能源专利技术的 14%。

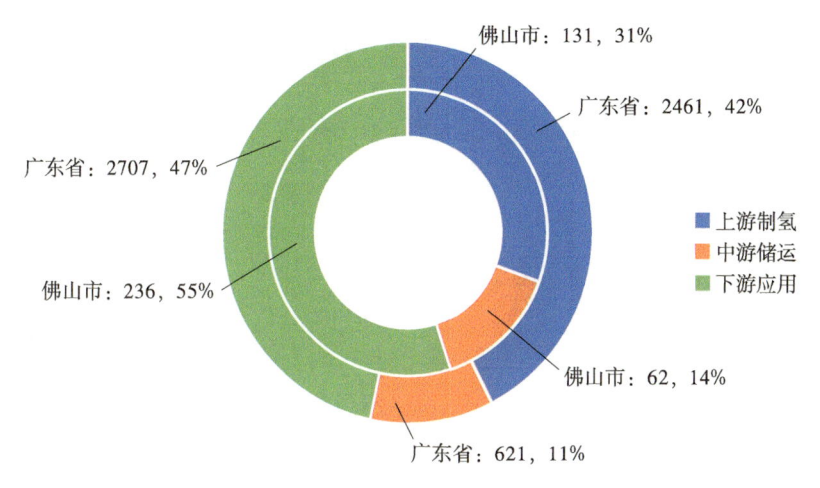

图 5-12　氢能源产业广东省及佛山市专利技术构成（单位：件）

氢能源是公认的最清洁的新能源，最有希望成为能源短缺、环境污染的终极解决方案。氢能源相对于其他能源具有能量高、污染小、效率高、储量大等优势，受到了各国的高度重视。氢能源产业链主要分为上游制氢、中游储运、下游应用三个环节，每个环节都有很高的技术壁垒和多项技术难点，其中上游的电解水制氢技术、中游的化学储氢技术以及下游的氢燃料电池技术在氢能源产业被广泛看好。本章在对氢能源产业专利态势进行分析后，将通过以下三章围绕氢燃料电池应用中的质子交换膜、电堆以及催化剂三个技术领域，对氢能源产业的专利技术进行聚焦分析。

第6章 质子交换膜领域专利布局分析

6.1 专利申请趋势分析

6.1.1 全球专利申请趋势

质子交换膜领域从1981年至2022年全球专利申请趋势如图6-1所示，合并申请号后，全球专利申请总量为11558件，合并简单同族后为8540项，代表着质子交换膜领域平均每个技术方案申请了1.35件专利。从质子交换膜领域全球专利整体申请趋势来看，在合并简单同族后，在2000年以前，全球在该领域的专利技术方案申请量在100项以下，直到2001年突破百件达到166项；2000年后呈现平稳增长甚至稳定的趋势，直到2014年开始呈现爆发式增长的趋势，2021年达到最高值878项。

种类	合并简单同族（项）	合并申请号（件）	件数/项数
合计	8540	11558	1.3534

图6-1 质子交换膜领域全球专利申请趋势

6.1.2 中国及其他主要国家专利申请趋势

对于质子交换膜领域专利数量前四的国家从1981年至2022年的专利申请趋势进行分析，合并申请号后，如图6-2所示，中国专利的申请数量最高，达到了7056件。根据趋势图可以看出，中国主要在2014年后年申请量呈现爆发式增长，从2014年224件的年申请量增长到现已公开的 2021 年的 975 件年申请量。其他国家，比如美国、日本以及韩国，近十年专利申请量呈现下降的趋势，美国从 2003 年峰值的 453 件下降到 2022 年 38 件的年申请量，而日本与韩国的专利年申请量一直处于 100 件以下甚至在 50 件以下徘徊，整体专利申请量不高。

国家	中国	美国	日本	韩国
专利数量/件	7056	4026	452	385

图 6-2　质子交换膜领域中国及其他主要国家专利申请趋势

6.1.3　主要省市中国专利申请趋势

合并申请号后，质子交换膜领域中国专利主要省市申请趋势如图 6-3 所示，从 2000 年开始进入缓慢增长的趋势。其中，上海市专利申请总量最高，共计 911 件，上海市在质子交换膜领域的专利技术相对于其他省市发展较早，于近六年处于快速增长的趋势，从 2016 年的 29 件增长至 2021 年的 94 件；江苏省近六年也处于快速增长的趋势，并于 2021 年赶超上海位居第一，其年申请量达到 129 件；广东省在质子交换膜领域的中国专利申请总量位居全国第五，同样在近六年处于快速增长的趋势，从 2016 年的 36 件增长到 2021 年的 102 件。

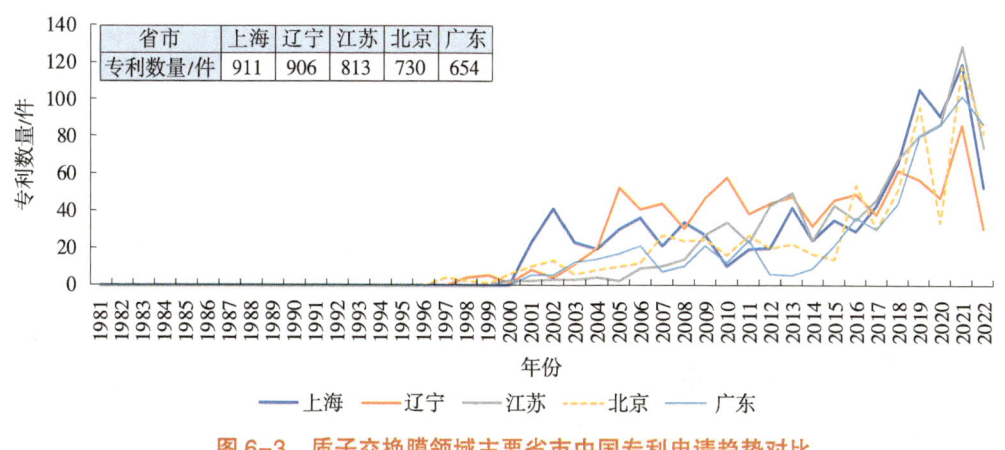

省市	上海	辽宁	江苏	北京	广东
专利数量/件	911	906	813	730	654

图 6-3　质子交换膜领域主要省市中国专利申请趋势对比

如图6-4所示，将广东省与佛山市在质子交换膜领域的专利申请趋势进行对比发现，广东省从2001年开始在质子交换膜领域出现专利申请，2013年后呈现快速增长的趋势，从2013年的5件增长到2021年的102件。而在质子交换膜领域申请总量本就不大的广东省，佛山市的专利申请数量就更少了，在2015年以前几乎为0件，2022年申请量最多，也仅为27件。可见，佛山市目前在质子交换膜领域的技术积累不多。

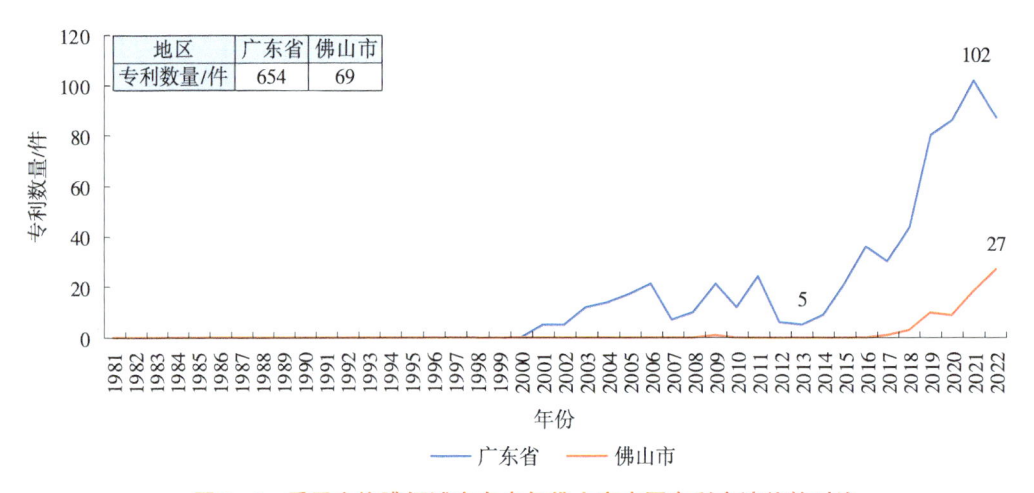

图6-4 质子交换膜领域广东省与佛山市中国专利申请趋势对比

6.2 专利技术原创地分析

质子交换膜领域的专利技术原创国家/地区如图6-5所示，对该领域的专利数据进行简单同族合并，以分析每个技术方案的来源国家或地区。具体地，在质子交换膜领域，中国大陆为最大的专利技术来源地，共有5025项专利技术方案的申请源于中国申请人，占全球总专利技术方案申请量的59%；其次是美国与德国，美国与德国的专利技术申请总量分别为1756项与386项，分别占全球专利技术方案申请总量的21%、4%。源于韩国的专利技术方案申请总量排第四名，占该领域全球专利技术方案申请总量的3%左右。可见，质子交换膜领域的专利技术主要掌握在中国与美国手中。

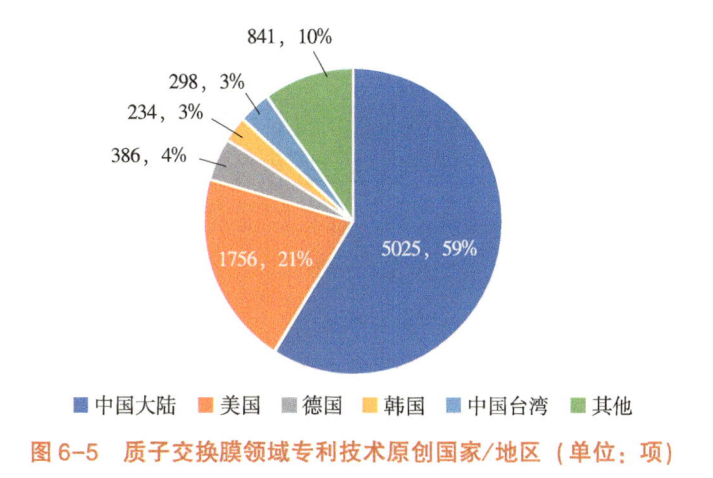

图 6-5　质子交换膜领域专利技术原创国家/地区（单位：项）

6.3 专利技术市场地分析

质子交换膜领域的专利技术市场地如图 6-6 所示，结合前文对于专利技术原创地的分析可知，中国既是全球最大的专利技术原创地，也是全球最大的专利技术市场地，这主要得益于中国申请人对于本土市场的专利布局。具体地，对全球专利进行申请号合并后，在质子交换膜领域，全球申请人向中国市场申请的专利总量为 5357 件，占全球专利申请总量的 46%；其次是美国和日本，专利申请量分别为 1850 件与 551 件，分别占全球专利申请总量的 16% 与 5%；韩国与德国在质子交换膜领域作为专利技术市场国的专利申请总量均占全球专利申请总量的 4% 左右。可见，在质子交换膜领域，专利技术来源地与专利技术市场地的总体状况类似，主要集中在中国与美国。

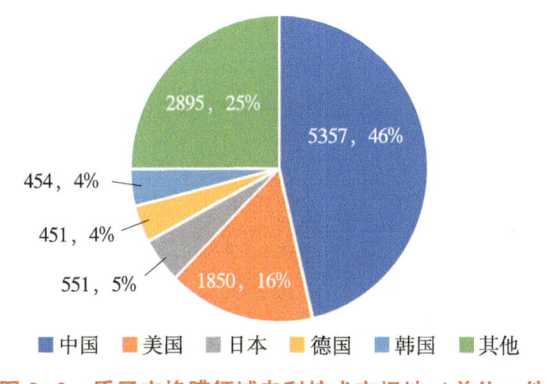

图 6-6　质子交换膜领域专利技术市场地（单位：件）

6.4 专利申请人分析

质子交换膜领域全球专利的主要申请人如图6-7所示，前十五名主要为中国申请人，高校和科研院所申请人居多。其中，前五名分别为中国科学院大连化学物理研究所、新源动力股份有限公司、武汉理工大学、上海交通大学以及清华大学，分别申请了308项、150项、141项、108项以及83项专利；在前十五名中，境外申请人有位居第十五的通用汽车公司，共申请了36项专利技术；跻身前十五的高校申请人还有华南理工大学、同济大学、天津大学、浙江大学、哈尔滨工业大学以及吉林大学，企业申请人还有上海神力科技有限公司、成都新柯力化工科技有限公司与国家电投集团氢能科技发展有限公司。

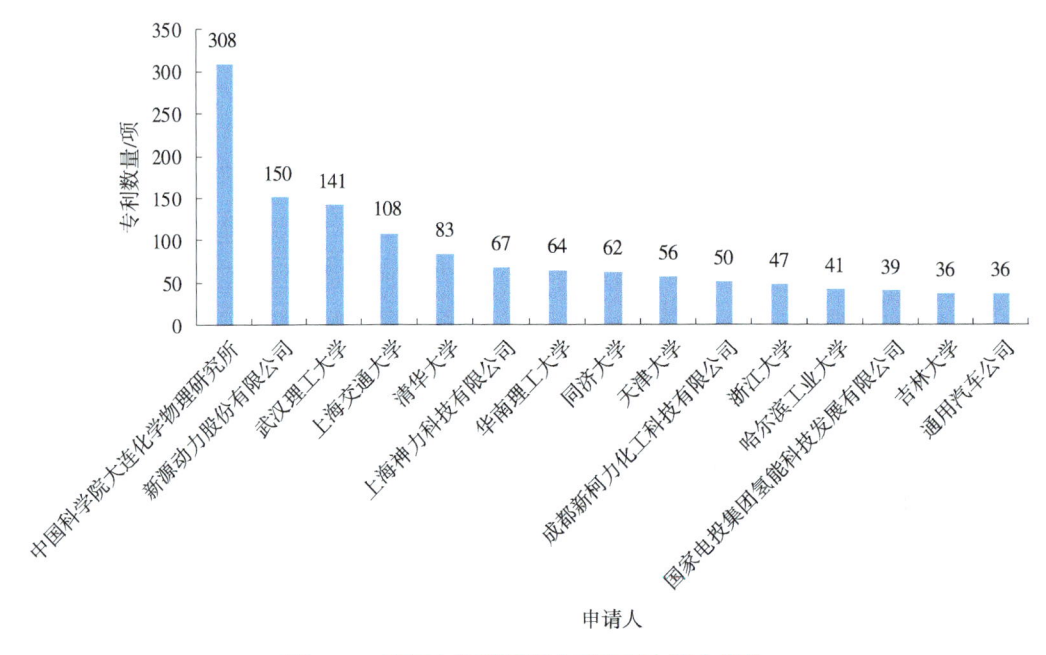

图6-7 质子交换膜领域全球专利申请人排名

质子交换膜领域中国专利的主要申请人如图6-8所示，排名前十五的主要为高校和科研院所申请人。其中，前五名申请人分别为中国科学院大连化学物理研究所、新源动力股份有限公司、武汉理工大学、上海交通大学以及清华大学，分别申请了292件、163件、141件、108件以及84件专利；前十五名中，企业申请人还包括上海神力科技有限公司、成都新柯力化工科技有限公司、国家电投集团氢能科技发展有限公司以及一汽解放汽车有限公司，分别申请了67件、48件、39件以及35件专利；前十五名中，高校申请人还有华南理工大学、同济大学、天津大学、浙江大学、哈尔滨工业大学以及吉林大学。

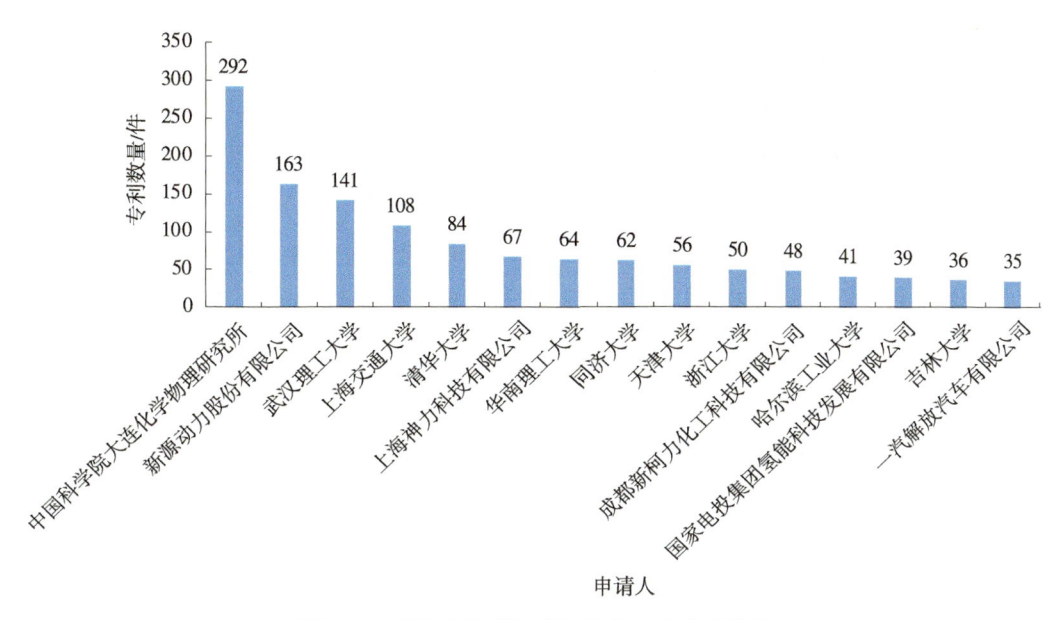

图 6-8 质子交换膜领域中国专利申请人排名

质子交换膜领域中国专利的境内申请人类型构成如图 6-9 所示，虽然高校在前十五名中国专利申请人排名中占据了三分之二的位置，但是，在该领域的总专利申请中，还是企业专利申请人申请的专利总量居多，企业申请人在质子交换膜领域申请的中国专利数量占据该领域中国专利总量的近 50%，共计 2551 件，这在一定程度上反映了虽然从中国企业来看，每家企业的专利数量不多，单独一家企业的研发实力可能不如高校和科研院所，但是企业的数量多，所有企业专利数据的总和占据该领域专利申请的一半多，各个企业可以互相合作，进行技术研发与创新，推动质子交换膜技术的进一步发展。

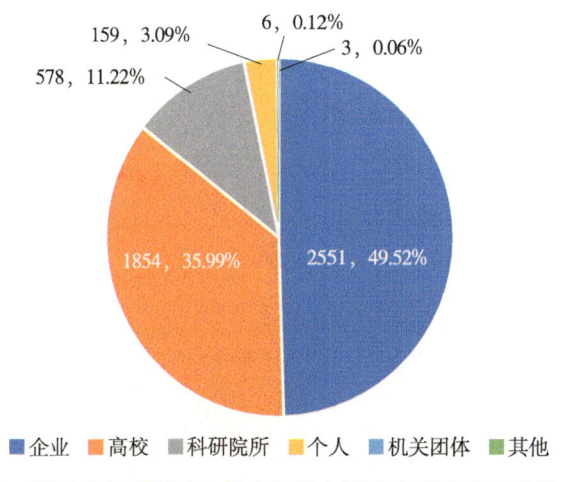

图 6-9 质子交换膜领域中国专利的申请人类型构成（单位：件）

广东省申请人在质子交换膜领域的中国专利申请量排名如图6-10所示,华南理工大学、中山大学以及比亚迪股份有限公司位列前三,分别申请了64件、26件与17件中国专利;深圳市信宇人科技股份有限公司、鸿基创能科技(广州)有限公司、深圳市通用氢能科技有限公司、深圳氢时代新能源科技有限公司4家企业也位居前十,前十名中的申请人还有深圳大学、广东工业大学两所高校,分别为12件与13件。佛山仙湖实验室在质子交换膜领域的中国专利申请也跻身广东省前十,位居佛山市第一,共计10件。

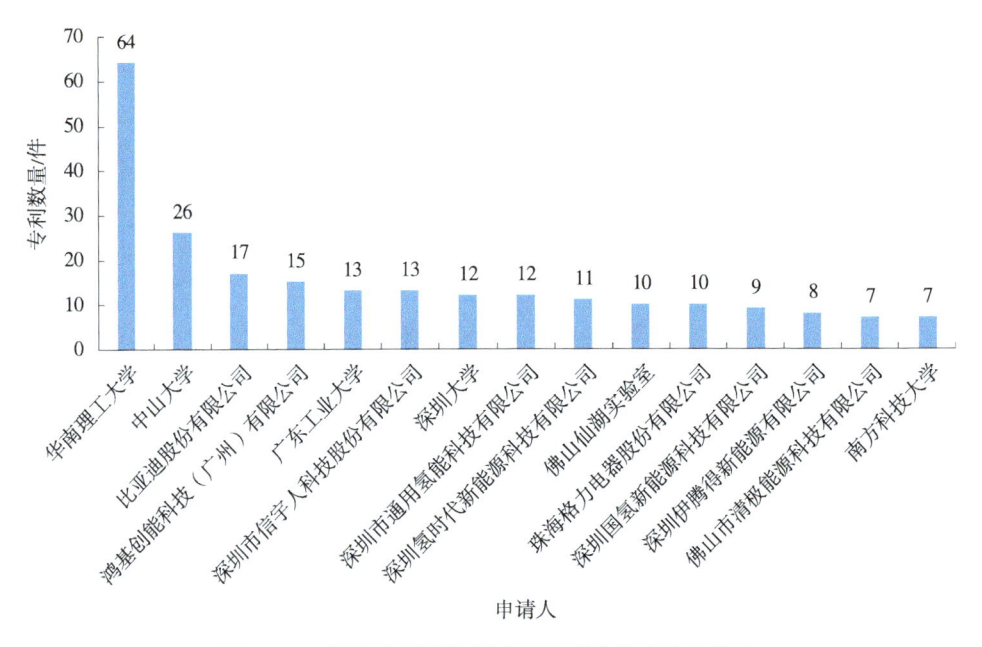

图6-10 质子交换膜领域中国专利广东申请人排名

6.5 专利技术构成分析

质子交换膜领域的主要技术构成分布如图6-11所示,简单同族合并后,专利数量占据最多的IPC大组为涉及燃料电池及其制造技术的H01M8,专利申请总量为6537项;其次是涉及电极技术的H01M4,专利申请总量为2171项;在涉及含有高分子物质的制品或成形材料的制造技术的IPC大组C08J5与涉及无机化合物或非金属的电解生产技术的IPC大组C25B1分别申请了467项与477项专利。其余的在涉及无机化合物或非金属的电解生产技术、电解槽或其组合件等技术领域也有少部分专利技术的分布。

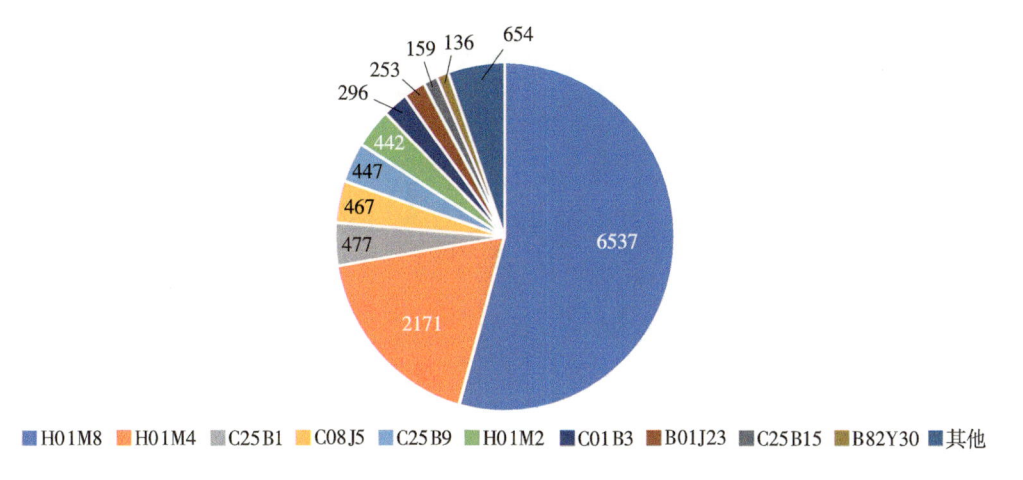

图 6-11　质子交换膜领域专利技术构成分布（单位：项）

第7章 电堆领域专利布局分析

7.1 专利申请趋势分析

7.1.1 全球专利申请趋势

公开日期截至 2022 年 12 月 31 日，电堆领域从 1981 年至 2022 年全球专利申请趋势如图 7-1 所示，合并申请号后，全球专利申请总量为 7326 件，合并简单同族后，全球专利申请总量为 7176 项，意味着电堆领域平均每个技术方案约申请 1.02 件专利。从图中也可以看出，合并简单同族与合并申请号后的全球专利申请趋势线趋于重合，该领域从 2005 年开始才有数十件的专利申请记录，处于缓慢增长的趋势，直到 2015 年开始才快速增长，从 2005 年的 49 件增长至 2021 年的 1580 件。

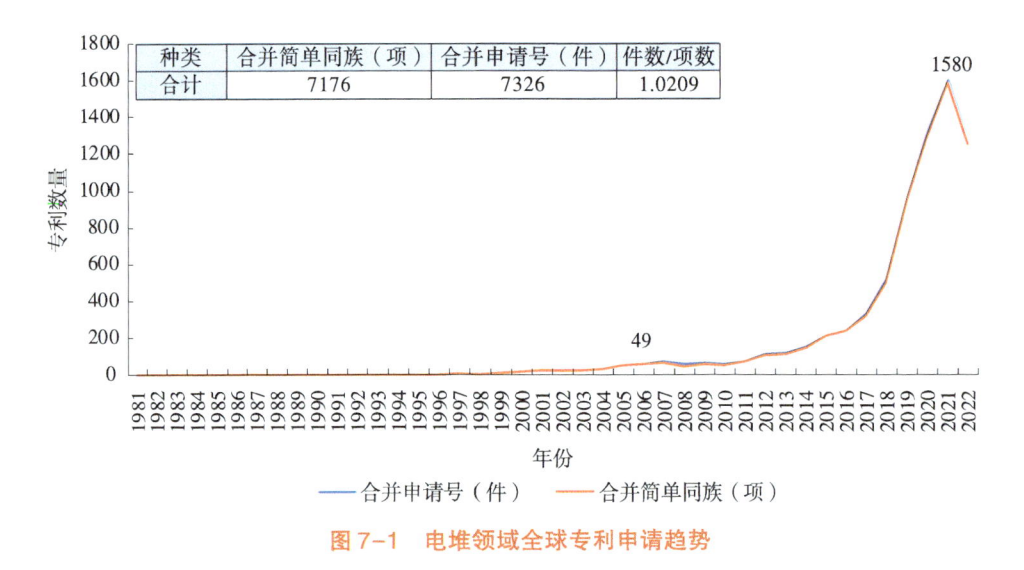

种类	合并简单同族（项）	合并申请号（件）	件数/项数
合计	7176	7326	1.0209

图 7-1 电堆领域全球专利申请趋势

7.1.2 中国及其他主要国家专利申请趋势

电堆领域专利数量前四的国家从 1981 年至 2022 年专利申请趋势如图 7-2 所示，对检索出的数据合并申请号后可知，2000 年前该领域的专利申请记录极其稀少，除了中国，韩国、日本以及美国在电堆领域的专利年申请数量一直处于 10 件左右，甚至在近几年趋近于 0 件，中国从 2008 年开始就一直处于增长的趋势，直至 2021 年的 1792 件年申请量。可见，电堆领域的专利申请主要在中国。

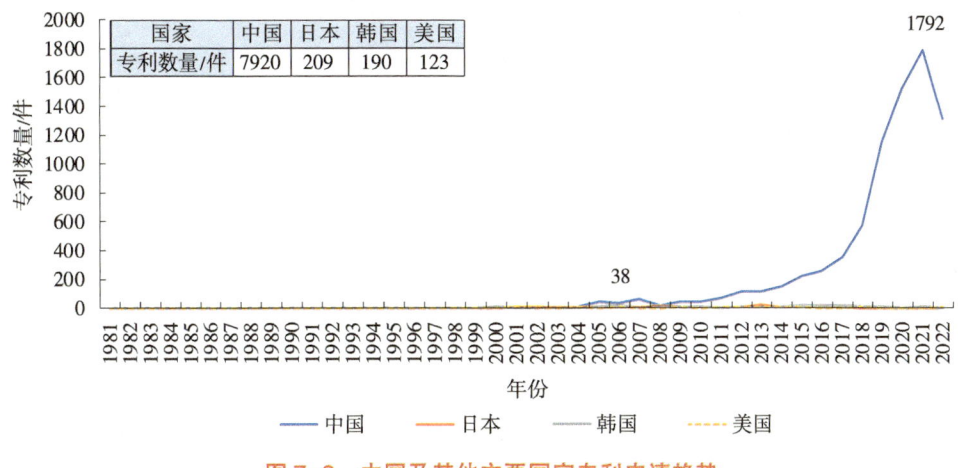

国家	中国	日本	韩国	美国
专利数量/件	7920	209	190	123

图 7-2　中国及其他主要国家专利申请趋势

7.1.3　主要省市中国专利申请趋势

专利公开日期截至 2022 年 12 月 31 日，合并申请号后，电堆领域专利主要省市申请总量与申请趋势如图 7-3 所示。其中，上海市专利申请总量最高，达到 1396 件，近年来呈现快速增长的趋势，2021 年达到最高，为 319 件；其次是北京市，北京市从 2017 年开始激增，从 2017 年的 23 件增加到 2018 年的 104 件直至 2021 年的 293 件；广东、湖北以及江苏在电堆领域的中国专利申请总量位居第三至第五，分别为 978 件、923 件以及 864 件。从图中可见，各省市均是在 2015 年后，在电堆领域中国专利年申请量比较多且呈快速增长的趋势。

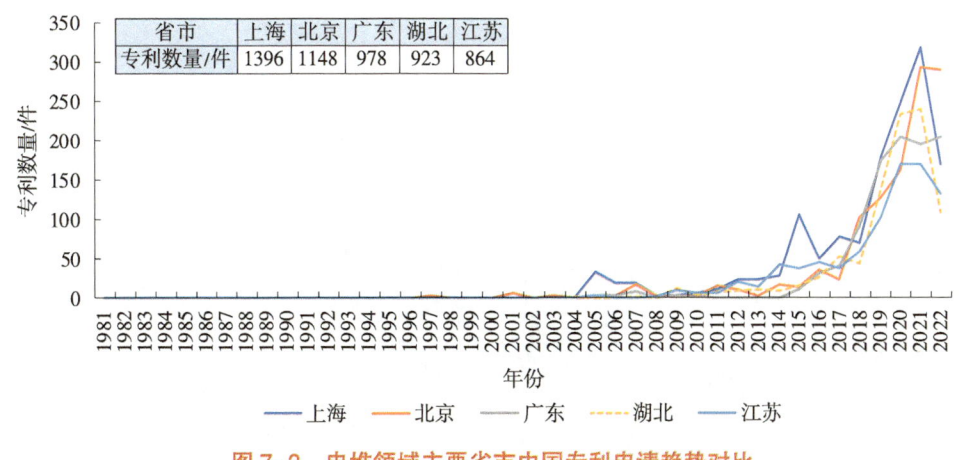

省市	上海	北京	广东	湖北	江苏
专利数量/件	1396	1148	978	923	864

图 7-3　电堆领域主要省市中国专利申请趋势对比

广东省与佛山市在电堆领域的中国专利申请趋势如图 7-4 所示，广东省在该领域总共申请了 978 件专利，主要集中在近六年，从 2015 年的 11 件年申请量快速增加到 2020 年的 205 件年申请量，2021 年略有下降，2022 年恢复至 205 件年申请量。佛山市在电堆领域的专利申请量总体不多，共计 180 件，从 2015 年才开始有专利申请的记录，共计 4 件，到 2022 年增加到 90 件年申请量。

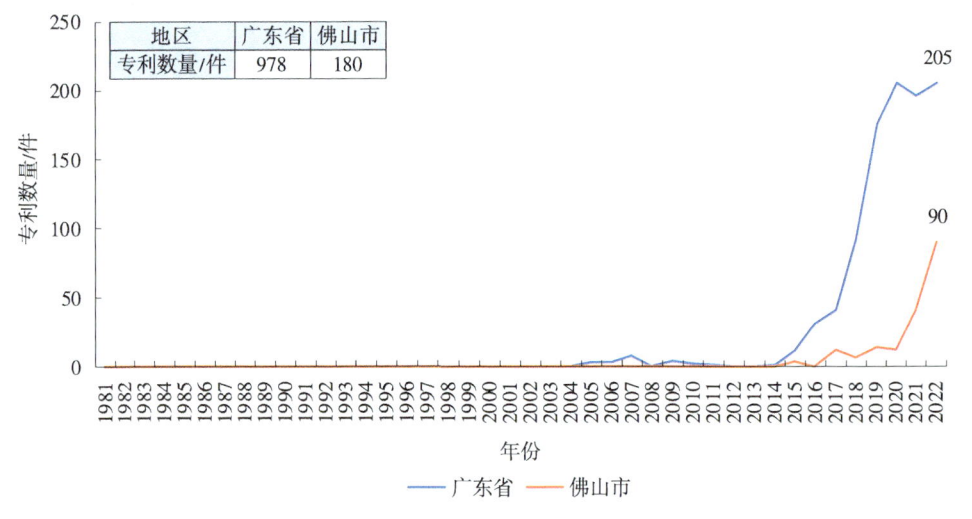

图 7-4　广东省与佛山市中国专利申请趋势对比

7.2　专利技术原创地分析

电堆领域的专利技术原创地如图 7-5 所示，对该领域的专利数据进行简单同族合并得出，该领域的专利技术几乎来源于中国，中国申请人在电堆领域的专利技术占全球电堆领域专利技术总申请量的 92%，共申请了 6617 项专利；其次是日本、韩国与美国的申请人，分别申请了 165 项、150 项与 88 项专利技术。可见，中国申请人在电堆领域的专利技术布局发挥着举足轻重的作用。

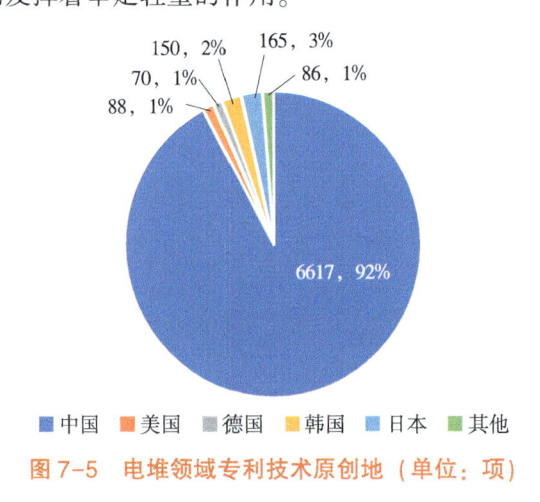

图 7-5　电堆领域专利技术原创地（单位：项）

7.3 专利技术市场地分析

电堆领域的专利技术市场地如图7-6所示，结合图7-5对于专利技术原创地的分析可知，中国既是电堆领域全球最大的专利技术原创地，也是全球最大的专利技术市场地。电堆领域全球申请人在中国申请的专利共计6668件，占全球专利申请总量的91.02%；其次是韩国、日本与美国的市场，分别申请了98件、75件与63件专利。可见，对于电堆领域的专利技术来源，主要是由中国申请人在中国市场进行布局。

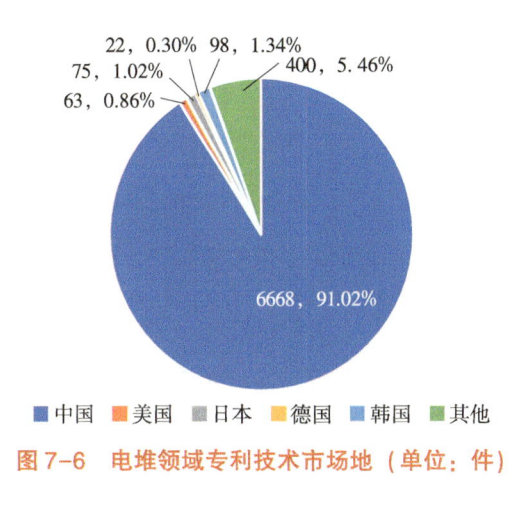

图7-6 电堆领域专利技术市场地（单位：件）

7.4 专利申请人分析

电堆领域全球专利主要申请人排名如图7-7所示，排名前十五的申请人均为中国申请人，企业申请人居多，排名前三的为北京亿华通科技股份有限公司（423项）、上海神力科技有限公司（171项）与新源动力股份有限公司（163项）；排名前十的企业申请人还有武汉格罗夫氢能汽车有限公司（116项）、上海合既得动氢机器有限公司（108项）、中山大洋电机股份有限公司（91项）以及东风汽车集团股份有限公司（87项）；进入前十五的非企业申请人包括位居第四的中国科学院大连化学物理研究所（128项）、位居第九的清华大学（84项）、位居第十的同济大学（81项）；进入前十五的申请人还包括潍柴动力股份有限公司、未势能源科技有限公司、国家电投集团氢能科技发展有限公司、广东国鸿氢能科技有限公司、中国第一汽车股份有限公司。

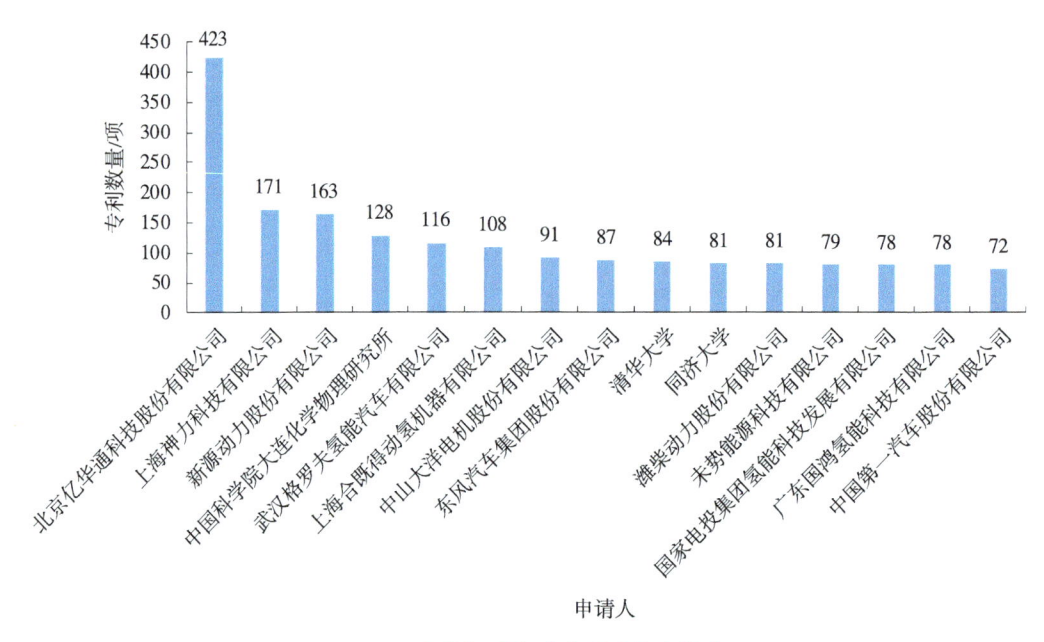

图7-7 电堆领域全球专利申请人排名

电堆领域中国专利的主要申请人排名如图7-8所示,企业申请人居多,排名前三的为北京亿华通科技股份有限公司(423件)、上海神力科技有限公司(171项)、新源动力股份有限公司(165件);排名前十的企业申请人还有武汉格罗夫氢能汽车有限公司(113件)、上海合既得动氢机器有限公司(108件)、中山大洋电机股份有限公司(91件)以及东风汽车集团股份有限公司(87件);进入前十五的非企业申请人包括位居第四的中国科学院大连化学物理研究所(126件)、位居第九的清华大学(84件)、位居第十的同济大学(81件);进入前十五的申请人还包括潍柴动力股份有限公司、未势能源科技有限公司、国家电投集团氢能科技发展有限公司、广东国鸿氢能科技有限公司、中国第一汽车股份有限公司。结合图7-7可知,数据几乎重合,说明电堆领域主要为中国申请人申请的中国专利。

电堆领域中国专利的境内申请人类型构成如图7-9所示,几乎为企业申请人,企业申请人申请的专利数量占电堆领域中国专利总量的82.61%,共计5639件;高校和科研院所分别申请了781件与299件专利,分别约占中国专利总量的11.44%与4.38%;个人申请人在该领域只申请了99件专利,占1.45%。可见,电堆领域的企业申请人占据了该领域研发与创新的主营阵地。

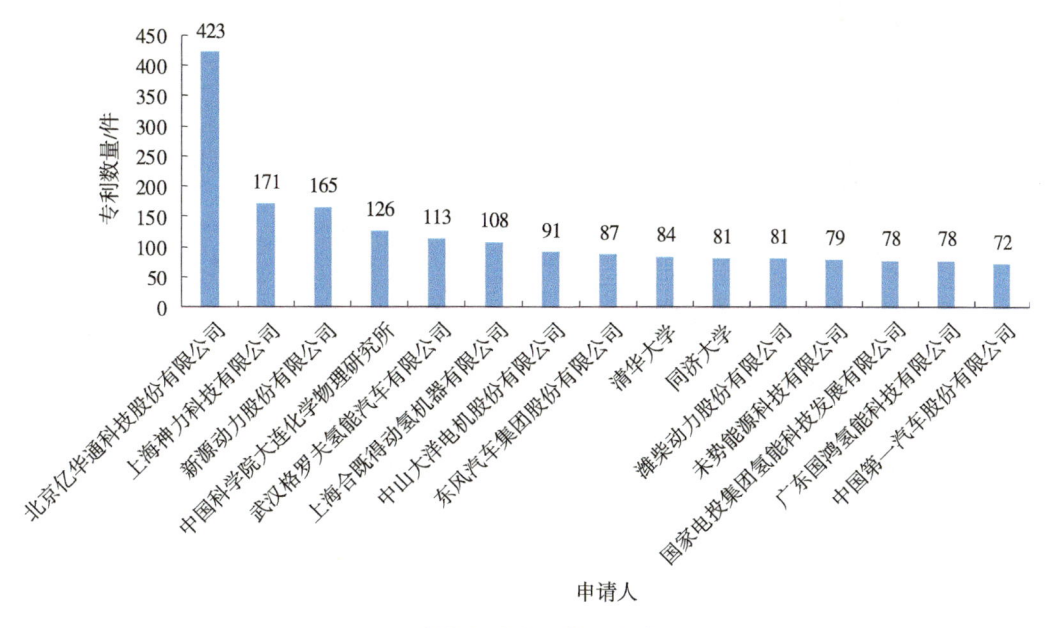

图7-8 电堆领域中国专利申请人排名

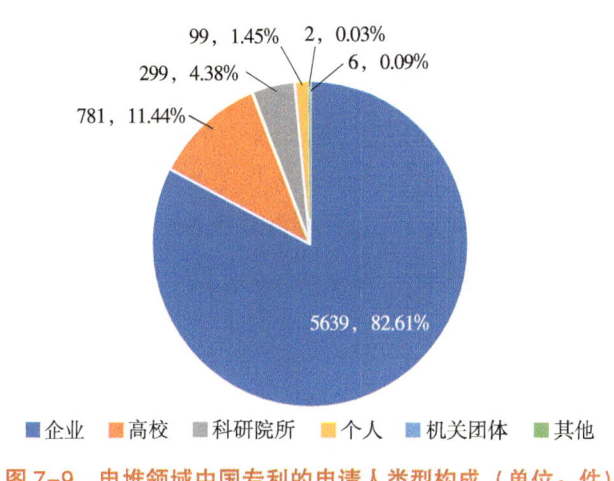

图7-9 电堆领域中国专利的申请人类型构成（单位：件）

广东省申请人在电堆领域的中国专利申请量排名如图7-10所示，中山大洋电机股份有限公司、广东国鸿氢能科技有限公司以及珠海格力电器股份有限公司位居前三，分别申请了79件、78件与51件专利；位居前十的还有深圳市氢蓝时代动力科技有限公司（49件）、佛山市清极能源科技有限公司（40件）、佛山仙湖实验室（32件）、深圳市雄韬电源科技股份有限公司（28件）、摩氢科技有限公司（27件）、广州汽车集团股份有限公司（26件）与深圳国氢新能源科技有限公司（26件）。佛山仙湖实验室在电堆领域的专利技术研发与创新虽然较晚，但发展势头较好，在广东省也处于较为前列的位置。

· 061 ·

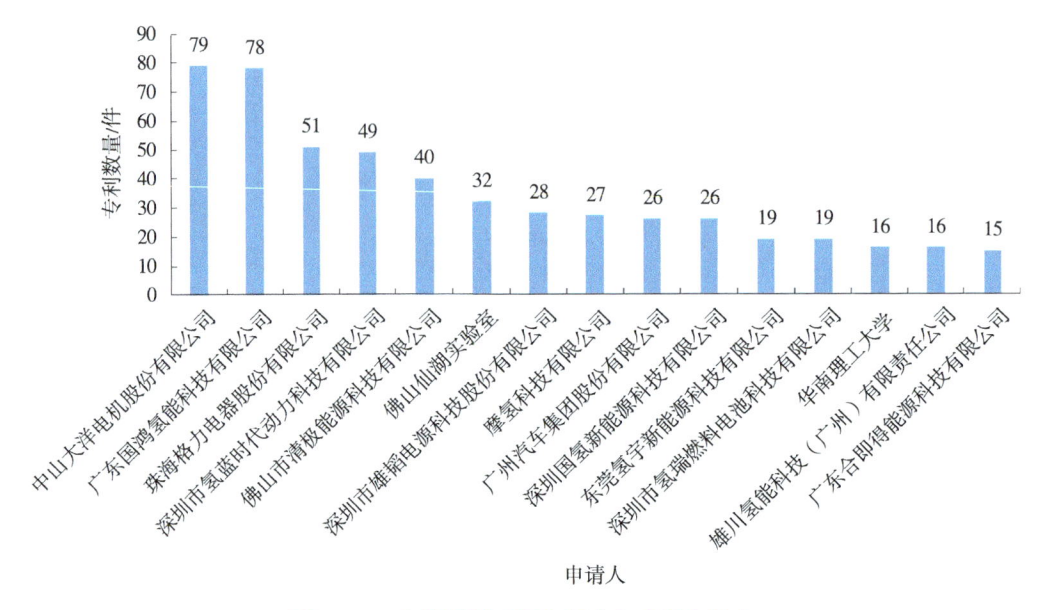

图 7-10 电堆领域中国专利广东申请人排名

7.5 专利技术构成分析

电堆领域的主要技术构成如图 7-11 所示，简单同族合并后，专利数量占据最多的 IPC 小组为涉及气态反应物的技术（IPC 小组 H01M8/04089），专利申请总量为 1186 项；其次是涉及通过液体流动的热交换技术的 IPC 小组 H01M8/04029，专利申请总量为 948 项；在涉及热交换技术的 IPC 小组 H01M8/04007 与涉及电解质的同时提供或撤离、加湿或除湿技术的 IPC 小组 H01M8/04119，分别申请了 879 项、829 项专利技术。其余的在辅助装置技术、用于控制反应物参数的装置技术燃料电池堆的零部件技术等方面均有分布。

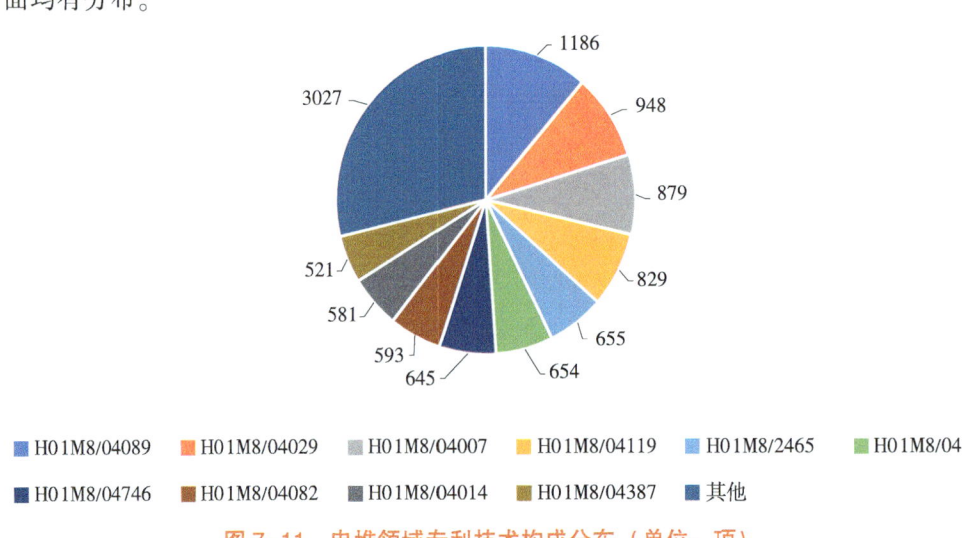

图 7-11 电堆领域专利技术构成分布（单位：项）

第8章 催化剂领域专利布局分析

氢能源产业的应用主要集中在氢燃料电池上，本章对氢燃料电池中的催化剂技术领域方面的专利进行详细分析。

8.1 专利申请趋势分析

8.1.1 全球专利申请趋势

催化剂领域全球专利申请趋势如图8-1所示，公开日期截至2022年12月31日，合并申请号后，全球共申请了65590件专利；合并简单同族后，全球共申请了42587项专利，意味着催化剂领域平均每项技术方案申请了1.54件专利。从图中整体申请趋势来看，全球在催化剂领域的专利申请量从1999年开始突破千件，直到2006年一直处于爆发式增长的趋势；从2000年的1789件增长到2006年的3565件，之后处于比较平稳甚至稍有下降的趋势；近五年，申请数量最高的是2019年，共计2696件，这在一定程度上说明近几年全球在催化剂领域的专利技术创新与发展趋于成熟与稳定的趋势。

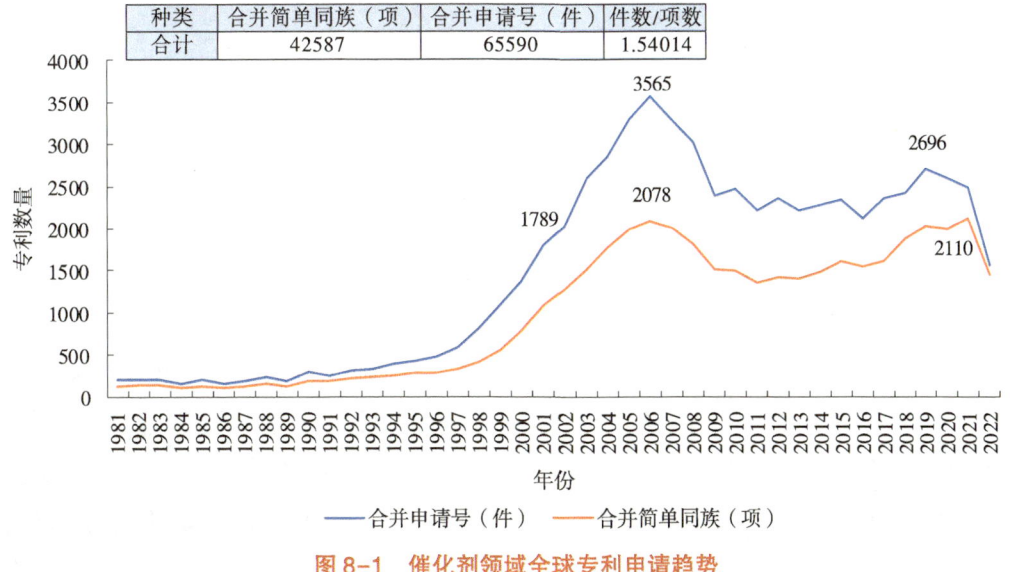

种类	合并简单同族（项）	合并申请号（件）	件数/项数
合计	42587	65590	1.54014

图8-1 催化剂领域全球专利申请趋势

8.1.2 中国及其他主要国家专利申请趋势

氢燃料电池在催化剂领域的专利申请数量排名前四的国家从 1981 年至 2022 年的专利申请趋势如图 8-2 所示，公开日期截至 2022 年 12 月 31 日，对检索出的数据进行申请号合并后得出，催化剂领域的中国专利年申请量从 2000 年开始就一直处于快速增长的趋势，从 2000 年的 51 件增长至 2021 年的 1995 件。其他三个国家在 2006 年前处于快速增长的趋势，在 2006 年后整体战略转移，在催化剂领域的专利年申请量进入快速下降的趋势，比如日本发展较早，从 1981 年的 107 件年申请量增长到 2006 年的 2079 件年申请量，然后下降到 2022 年的 103 件年申请量；美国从 1981 年的 96 件年申请量增长到 2006 年的 1124 件年申请量，然后下降到 2022 年的 54 件年申请量；韩国自 1995 年后在催化剂领域的专利年申请量有快速增长的趋势，从 1995 年的 27 件年申请量增长到 2006 年的 859 件年申请量，然后下降到 2022 年的 31 件年申请量。

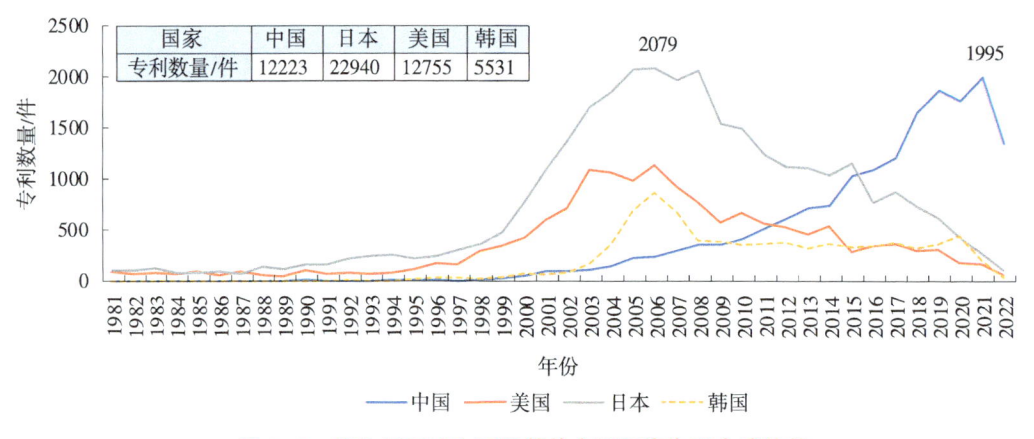

图 8-2 催化剂领域中国及其他主要国家专利申请趋势

8.1.3 主要省市中国专利申请趋势

合并申请号后，催化剂领域主要省市中国专利申请趋势如图 8-3 所示，从 2000 年开始，整体上均处于快速增长的趋势。其中，北京市申请人中国专利申请总量最高，共计 2004 件，从 2000 年的 8 件平稳增长至 2021 年的 198 件；其次是江苏省申请人，从 2000 年的 4 件缓慢增长至 2016 年的 100 件，然后爆发式增长至 2021 年的 240 件；辽宁省申请人从 2000 年的 12 件增长至 2018 年的 153 件，之后年申请量略有下降；上海市从 2000 年的 0 件快速增长至 2015 年的 191 件，然后 2016 年断崖式下降至 81 件年申请量，之后几年均在 100 件左右波动；而对于广东省申请人来说，从 2000 年的 0 件缓慢增长至 2017 年的 83 件年申请量，然后爆发式增长至 2021 年的 280 件年申请量。可见，广东省申请人在催化剂领域技术发展虽然较晚于其他几个省份，但是在近几年

针对催化剂领域相对其他省份的技术研发投入较大。

省市	上海	辽宁	江苏	北京	广东
专利数量/件	1526	1496	1680	2004	1546

图 8-3　催化剂领域主要省市中国专利申请趋势

有关广东省申请人中国专利的申请趋势在图 8-3 中已做分析，针对佛山市申请人与整个广东省申请人在催化剂领域的中国专利申请趋势对比如图 8-4 所示，佛山市申请人从 2009 年开始才在催化剂领域有一两件年专利申请，直到近五年才开始慢慢增加，2022 年专利年申请量最高，共计 34 件。可见，佛山市目前在催化剂领域的技术发展在广东省未处于前列。

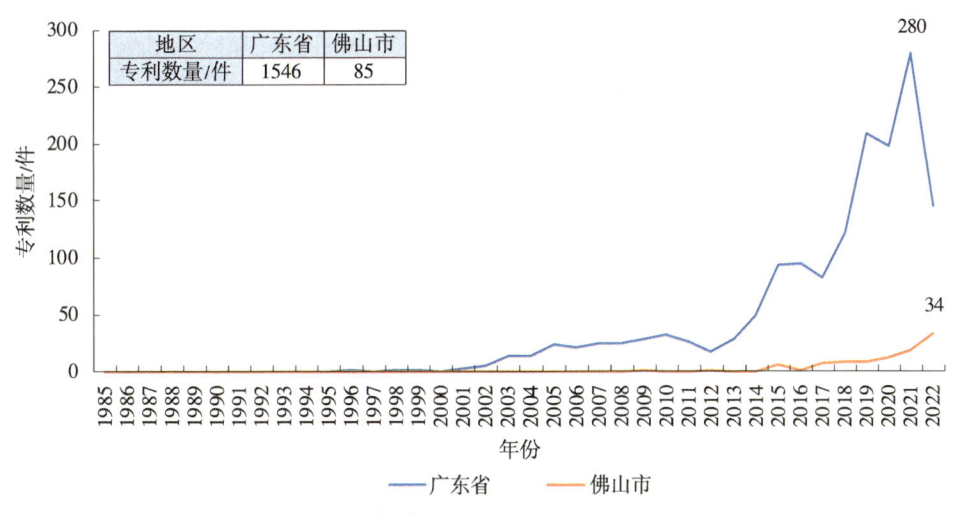

地区	广东省	佛山市
专利数量/件	1546	85

图 8-4　催化剂领域广东省与佛山市中国专利申请趋势对比

8.2　专利技术原创地分析

催化剂领域的专利技术原创地如图 8-5 所示，对该领域的专利数据进行简单同族合并，以分析每个技术方案的来源国家或地区。具体地，在催化剂领域，日本为最大的技术来源地，共有 15292 项专利技术方案的申请来源于日本申请人，占全球专利技

· 065 ·

术方案申请总量的 36%；中国申请人在催化剂领域的全球专利技术申请量紧随其后，共计 11738 项，占全球专利技术申请总量的 27%；然后是美国与韩国，美国与韩国在催化剂领域的专利技术方案申请总量分别为 6820 项与 3650 项，分别占全球的 16% 与 9%；来源于德国申请人的专利技术方案占全球专利技术申请总量的 4%，排名第五，共计 1814 项。可见，催化剂领域的专利技术主要集中在日本与中国手中。

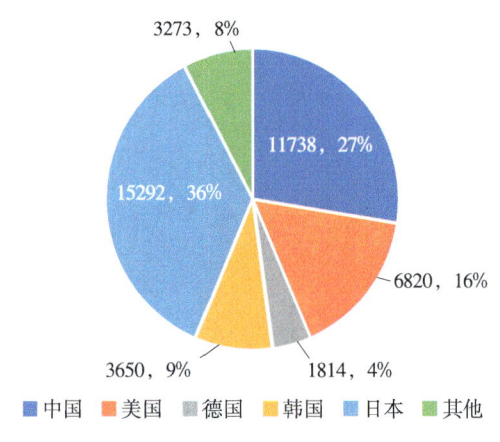

图 8-5 催化剂领域专利技术原创地（单位：项）

8.3 专利技术市场地分析

催化剂领域的专利技术市场地如图 8-6 所示，结合图 8-5 对于专利技术原创地的分析可知，在专利市场方面，中国位居全球第二，共计 15063 件，占全球专利技术市场地总量的 23%，日本位居第一，共计 15608 件，占全球的 24%；其次是美国与韩国市场，专利申请数量分别为 9972 件与 5094 件，分别占全球专利技术市场地总量的 15% 与 8%；德国位居全球市场第五，共计申请了 2527 件德国专利，占全球专利技术市场地总量的 4%。可见，在催化剂领域，中国市场对于全球申请人来说非常重要，日本与美国市场也不容小觑。

图 8-6 催化剂领域专利技术市场地（单位：件）

8.4 专利申请人分析

催化剂领域全球专利的主要申请人如图8-7所示，前十五名申请人主要为日本企业，其中，丰田汽车公司申请量位居全球第一，共计2265项，处于遥遥领先的位置；尼桑汽车位居第二，共计950项；三星集团位居第三，共计810项；前十五名的申请人中，韩国申请人有两位，分别为位居第三的三星集团公司与位居第十的现代汽车公司，分别申请专利810项与331项；前十五名申请人中，中国申请人有位居第十三的中国石油化工股份有限公司与位居第十五的上海合既得动氢机器有限公司，分别申请专利227项与177项。其余的均为日本申请人，包括本田汽车、松下电器、东芝公司、富士电机、三菱重工等。可见，日本申请人在催化剂领域的专利技术研发投入较多，发展较为成熟。

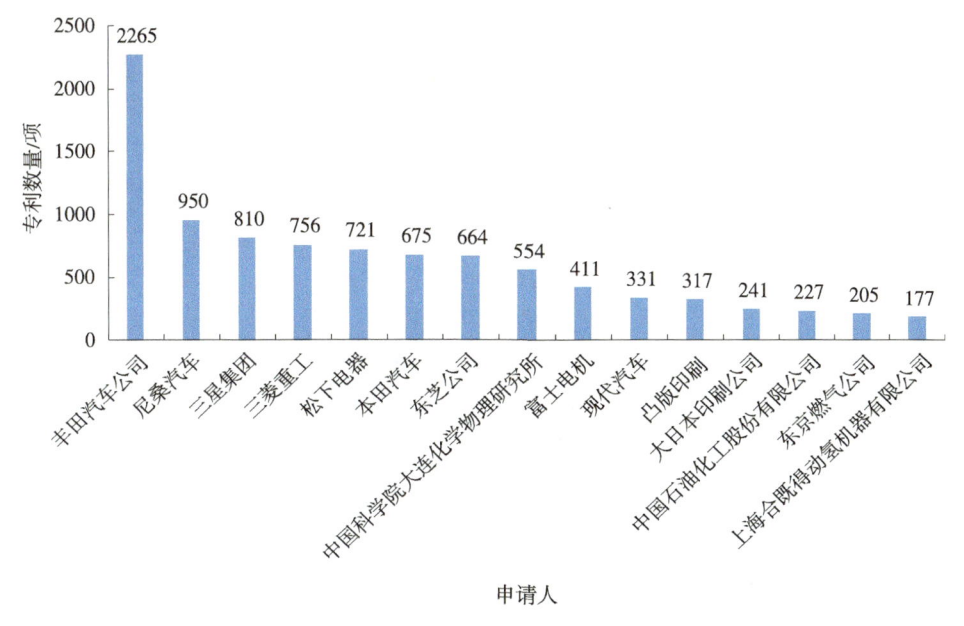

图8-7 催化剂领域全球专利申请人排名

催化剂领域中国专利的主要申请人排名如图8-8所示，排名前十五的申请人主要为高校和科研院所。前五名申请人有中国科学院大连化学物理研究所、中国石油化工股份有限公司、浙江大学、上海合既得动氢机器有限公司以及华南理工大学，分别申请了543件、232件、185件、177件与171件。其余均为中国的高校申请人，包括福州大学、清华大学、大连理工大学、江苏大学、北京化工大学、武汉理工大学、西安交通大学、上海交通大学、哈尔滨工业大学、天津大学。

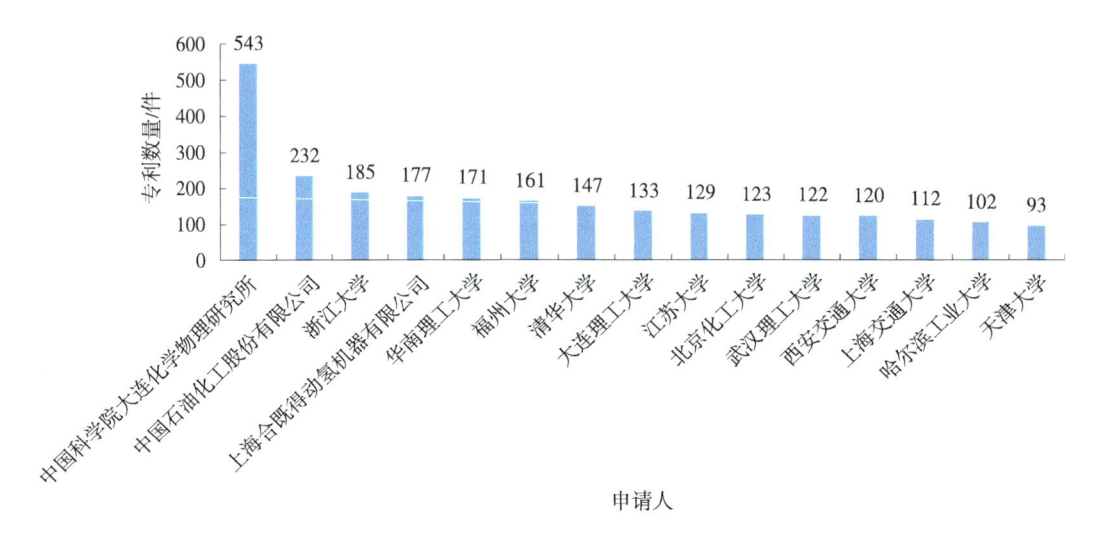

图8-8 催化剂领域中国专利申请人排名

催化剂领域中国专利的境内申请人类型构成如图8-9所示，在该领域中，企业申请人占35.38%，共计4250件；其次是高校和科研院所申请人，分别申请了5898件与1368件，分别占49.09%与11.39%；个人申请人共计申请了481件专利，占4%。可见，高校申请人在催化剂领域的整体研发与创新实力较好。

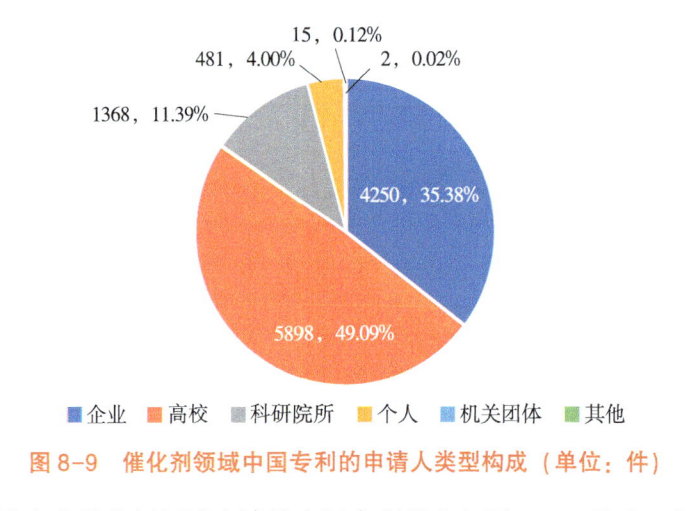

图8-9 催化剂领域中国专利的申请人类型构成（单位：件）

广东省申请人在催化剂领域申请的中国专利排名如图8-10所示，华南理工大学排名第一，共计申请了171件专利；广东合即得能源科技有限公司与广东醇氢新能源研究院有限公司位居第二与第三，分别申请了80件与65件；位居前十的高校或科研院所还有广东工业大学（59件）、中山大学（49件）、华南师范大学（35件）、中国科学院广州能源研究所（34件）、南方科技大学（26件）以及佛山仙湖实验室（25件）；位居前十五的企业还有比亚迪股份有限公司与鸿基创能科技（广州）有限公司，分别申请了18件和21件专利。

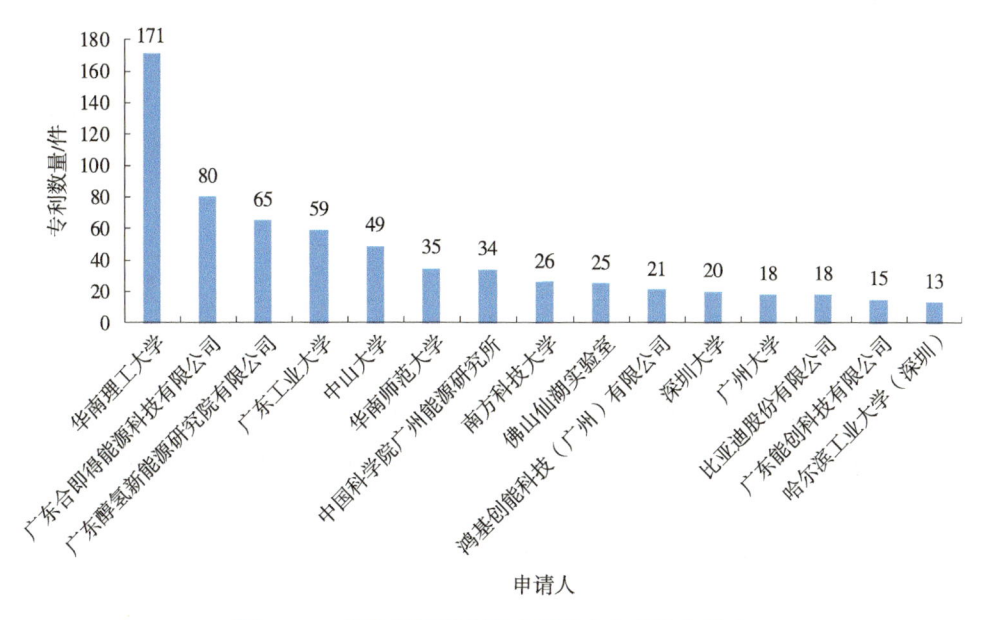

图 8-10 催化剂领域中国专利广东省申请人排名

8.5 专利技术构成分析

催化剂领域的主要技术构成分布如图 8-11 所示，简单同族合并后，专利数量占据最多的 IPC 小组是涉及固体电解质的燃料电池技术的 H01M8/10，专利申请总量为 10115 项；其次是涉及零部件技术用催化剂活化的惰性电极技术的 IPC 小组 H01M8/02，专利申请总量为 6893 项；在涉及用催化剂活化的惰性电极技术的 IPC 小组 H01M4/86 与涉及制造方法技术的 IPC 小组 H01M4/88，分别申请了 6742 项与 5941 项专利技术方案。

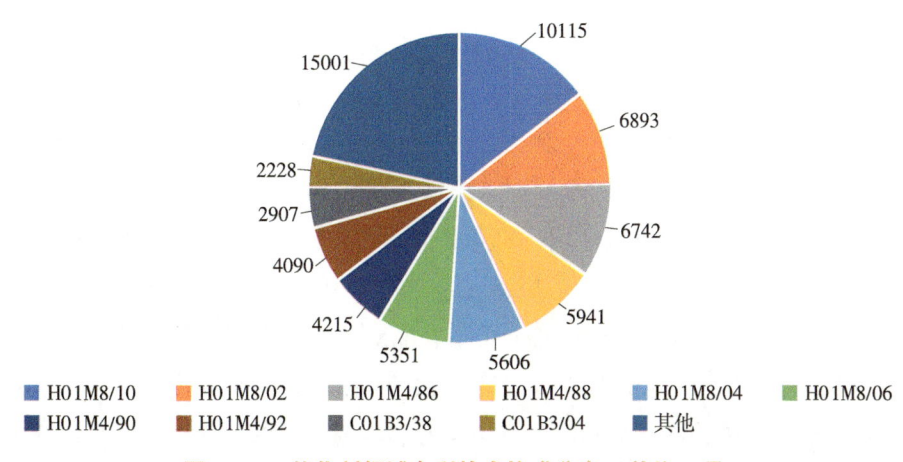

图 8-11 催化剂领域专利技术构成分布（单位：项）

· 069 ·

第9章　总结与建议

氢能源与燃料电池的发展对于中国能源的发展具有非常重要的作用，发展氢能源，是中国一定要走的路。《中国氢能产业研究报告》定好了"底线"——未来氢能源在我国终端能源体系中的占比至少要达到10%，与电力协同互补。而本次专利导航，在宏观方面通过对氢能源的整体产业以及对氢燃料电池应用中的质子交换膜、电堆以及催化剂三个技术主题方面的专利进行详细分析，从而在全景揭示全球氢能源产业整体的专利布局，以及近景聚焦佛山市在氢能源产业中的定位。对于如何精确布局佛山市氢能源的顶层设计，从而帮助佛山市氢能源产业的高质量发展，以下将结合上述专利分析结果，得出一些专利战略规划方面的参考建议。

9.1　产业布局结构优化

氢能源是一种新型能源，与传统化石燃料相比，具有零污染、利用率高、危险系数小的优点，在全球应对气候变化的压力下，以及各国加速能源转型的战略背景下，是未来具有巨大发展潜力的能源。氢的利用需要整个产业链的贯通，主要包括氢的制备、氢的储存和运输以及氢能源的应用三个方面，其中应用方面主要关注在氢燃料电池应用中的质子交换膜、电堆与催化剂领域。

首先，全球在氢能源产业的专利布局中，美国、日本与德国等国家发展较早，并已经将氢能源上升到国家能源战略高度，不断加大对氢能源及燃料电池的研发和产业化扶持力度；而中国在氢能源产业发展虽然较晚，近几年才逐渐发展并产业化，但发展势头迅猛。将氢能源产业全球专利进行申请号合并得出，截至2022年12月31日，在氢能源产业，全球共计258132件专利申请。其中，来自日本申请人的专利共计91690件，约占全球氢能源产业专利申请总量的35.52%；来自中国申请人的专利共计55372件，约占全球专利申请总量的21.45%；而对于中国专利进行申请号合并后分析得出，中国在氢能源产业共受理全球申请人66071件专利申请，其中来自广东省申请人的专利共计5934件，约占氢能源产业中国专利申请总量的8.98%。可见，在氢能源产业，中国近几年专利技术发展较快，但是与日本等发展较早的主要国家差距仍较大，而广东省在氢能源产业的技术产业化虽然在全国处于较领先的地位，但是专利技术的总体积累情况以及现有专利的质量还有待进一步巩固和发展。

将氢燃料电池应用中的质子交换膜、电堆与催化剂技术领域的专利分布情况进行分析得出，氢能源产业全球 173582 项专利技术方案申请中，质子交换膜领域的全球专利共计 8540 项，约占全球氢能源产业专利技术方案申请总量的 4.92%；电堆领域的全球专利共计 7176 项，约占全球氢能源产业专利技术方案申请总量的 4.13%；催化剂领域的全球专利共计 42587 项，约占全球氢能源产业专利技术方案申请总量的 21.02%。

在全球申请人申请的 66230 件中国专利中，涉及质子交换膜技术的中国专利共计 5357 件，约占氢能源产业中国专利申请总量的 8.09%；涉及电堆技术的中国专利共计 6668 件，约占氢能源产业中国专利申请总量的 10.07%；涉及催化剂技术的中国专利共计 15063 件，约占氢能源产业中国专利申请总量的 22.74%。

通过上述数据分析可知，与全球氢能源产业专利技术布局情况类似，氢能源产业中国专利也主要集中在氢燃料电池的应用上，尤其是催化剂技术的布局上，广东省在氢燃料电池应用环节的专利技术处于全国较为领先的位置，在进一步加强已有的氢能源汽车产业的研发与投入的同时，建议从氢燃料电池的应用上进行布局，完善质子交换膜、电堆、催化剂等技术的安全、稳定与高效。佛山市在氢能源汽车、公交车进行产业化及在大量购买国内外优势企业的产品与技术的同时，还应加强自主专利权的积累，在整个氢能源产业上中下游以及氢燃料电池应用中进行更加完善的技术研发与投入，避免侵权风险，加强专利布局，以免受制于人。

其次，广东省在氢能源产业专利技术布局中占据举足轻重的地位，而广东省内，主要是集中在深圳市、广州市以及东莞市三市，佛山市整个氢能源产业以及氢燃料电池应用的专利申请总量均位居广东省第四，与第三名的地级市在专利数量和占比上差距较大。建议广东省在继续加强深圳市、广州市与东莞市氢能源产业集群优势与专利技术聚集优势的前提下，进一步在佛山市大力发展氢能源产业化的同时，提高佛山市氢能源整体产业以及氢燃料电池应用的质子交换膜、电堆与催化剂的专利技术布局，提高佛山市在专利战中抗风险的能力，掌握主动权。

9.2 企业引进整合培育

9.2.1 整合培育龙头企业

龙头企业对于当地氢能源相关企业的快速发展具有巨大的推动作用，作为产业链的核心环节，龙头企业应充分发挥骨干力量，在贯通上中下游、对外开拓、技术开发和技术创新等领域全面发力，带动区域相关企业集群发展，推动产业成熟壮大。

对于氢能源整体产业而言，广东省申请人申请的中国专利中，主要有以下的企业申请人：广东合即得能源科技有限公司共申请 279 件，广东国鸿氢能科技有限公司共申请 145 件，珠海格力电器股份有限公司共申请 121 件以及中山大洋电机股份有限公司共申请 108 件。

对于质子交换膜领域而言，在广东省申请人申请的中国专利中，主要有以下的企业申请人：比亚迪股份有限公司共申请 17 件，深圳市信宇人科技股份有限公司共申请 13 件，鸿基创能科技（广州）有限公司共申请 15 件，深圳市通用氢能科技有限公司共申请 12 件，深圳氢时代新能源科技有限公司共申请 11 件以及珠海格力电器股份有限公司共申请 10 件。

对于电堆领域而言，在广东省申请人申请的中国专利中，主要有以下的企业申请人：中山大洋电机股份有限公司共申请 79 件，广东国鸿氢能科技有限公司共申请 78 件，珠海格力电器股份有限公司共申请 51 件，深圳市氢蓝时代动力科技有限公司共申请 49 件，佛山市清极能源科技有限公司共申请 40 件，摩氢科技有限公司共申请 27 件，深圳市雄韬电源科技股份有限公司共申请 28 件以及广州汽车集团股份有限公司共申请 26 件。

对于催化剂领域而言，在广东省申请人申请的中国专利中，主要有以下的企业申请人：广东合即得能源科技有限公司共申请 80 件，广东醇氢新能源研究院有限公司共申请 65 件，比亚迪股份有限公司共申请 18 件，鸿基创能科技（广州）有限公司共申请 21 件。

通过上述数据分析可知，从专利视角来看，广东省在氢能源产业以及氢燃料电池的三个技术分支领域的龙头企业主要有广东合即得能源科技有限公司、比亚迪股份有限公司以及广东国鸿氢能科技有限公司等。其中，广东合即得能源科技有限公司的专利申请主要涉及甲醇水重整制氢技术，比亚迪股份有限公司的专利申请主要涉及汽车动力方面的燃料电池应用，广东国鸿氢能科技有限公司的专利申请主要涉及燃料电池领域的膜电极、双极板以及电堆等技术。建议广东省基于现有的一些龙头领军企业，比如广东合即得能源科技有限公司、比亚迪股份有限公司以及广东国鸿氢能科技有限公司等，充分利用粤港澳大湾区一体化国家战略契机，加强氢能源产业合作交流，推动佛山市乃至广东省与全球领先氢能源企业和科研机构建立深入广泛的联系，吸引一大批科技含量高、研发能力强的企业落户广东省，逐步形成一个带动一批的集聚效益，并进行整合培育。

同时，建议佛山市基于佛山（云浮）产业转移工业园的建设，立足自身产业化优势，加大整机产品、核心部件及制造设备的创新力度等，贯穿氢能源产业上中下游环节，与广东省政府以及其他各地市政府一起根据当地基本情况，找出自身资源优势和发展特点，积极扶持建立氢能源产业各环节的龙头企业，在主导产业明晰的基础上，依托龙头企业带动，实现产业链式发展。在此基础上，实现跨区域经济要素的组合，提高全省范围的资源配置效率。

9.2.2 引进国内外优势企业

氢能源产业发展较早也较好的国家主要为日本与美国，中国虽然近几年才较为关注氢能源的产业化应用，对于氢燃料电池技术的分布情况不均衡，但发展速度很快，较为领先的省市主要为北京市、上海市、江苏省以及广东省，为了学习和借鉴氢能源产业的技术，广东省应对国内外氢能源产业相关的优势企业进行学习，必要时可引进国内外优势企业，带动本土企业进一步创新与发展，推动氢能源产业的整体市场活力。

氢能源整体产业以及氢燃料电池的专利布局较为完善、专利数据积累较高的企业主要集中在日本的丰田、本田、日产，美国的通用以及韩国的现代等车企，中国的上海神力科技有限公司、新源动力股份有限公司在氢能源产业的专利申请也较多。建议广东省和佛山市大力吸引上述国内外氢能源优势企业落户广东省与佛山市，通过氢能源国内外优势企业带动本土领军企业的创新与发展，并和本土龙头企业一起带动一批中小企业产生集聚效应，促进广东省与佛山市氢能源产业化活力，在加强合作的同时提高本土产业竞争力。

9.3 技术创新引进提升

在氢燃料电池领域，建议加大在质子交换膜燃料电池和固体氧化物燃料电池领域的研究与产业化，并对燃料电池电堆与关键材料、动力系统与核心部件、整车集成等核心技术进一步提高技术创新水平。在膜电极、双极板、质子交换膜具备国产化能力的基础上，提高其生产规模，并加强在辅助系统等关键零部件方面的产业化发展，减少对日本、美国与德国等氢能源发展较为发达国家的依赖程度。

氢能及燃料电池产业链条长、技术含量高，有必要系统梳理我国氢能源及燃料电池在基础研究、核心材料和零部件的研发创新方面的短板，加大投入、超前部署，提升核心技术和系统集成能力。坚持市场导向、企业主体和产学研紧密结合，破除设备接入、地方准入、集成配套等方面的政策壁垒。探索氢能与交通、信息通信等深度融合发展的新模式，打造经济社会发展的新动能。

此外，还应设立氢能源与燃料电池国家重大专项，扎实开展核心材料和过程机理等基础研究，核心装备及关键零部件研制，电池系统、储能及分布式发电系统、终端应用系统等集成技术研发。通过设立各级氢能及燃料电池投资引导基金，鼓励大型骨干企业、科研院所、"高、精、专"中小企业相关成果转化创业，打造自主化产业生态。

9.4 创新人才引进培养

联合国开发计划署（UNDP）—中国粤港澳大湾区氢能经济职业学院项目已签约落户佛山市南海区，拟通过学历教育与职业培训并举，培养氢能领域高素质复合型技术技能人才和专业型一线技术工人人才队伍，为大湾区氢能产业补上专业技术人才紧缺的短板，这将是佛山市在氢能源产业补足人才缺口的良好开端。

如何对这些人才队伍进行培养以及如何面对当下比较紧迫的高端人才短缺的问题是接下来佛山市需要面临的问题之一。通过上述专利发明人分析可知，广东合即得能源科技有限公司的向华博士团队在水氢机及其系列产品的研发上积累了大量的实践经验，华南理工大学化学与化工学院廖世军教授在氢燃料电池的催化剂、质子交换膜、膜电极以及制氢器等方面拥有大量的科研实力以及核心专利技术，比亚迪股份有限公司的董俊卿在燃料电池发电系统、甲醇制氢系统、储氢与充氢系统、质子交换膜、电堆以及催化剂涂层板等有关车用氢燃料电池技术领域都有很深厚的专业实力背景，另外深圳伊腾得新能源有限公司的陈刚、文兆辉与沈建跃在燃料电池的甲醇水重整制氢方面也有不少的研发投入和成果。

因此，佛山市可大力引进上述以及其他国内外在氢能源产业的高科技人才，在加强与国内外高等院校、科研机构、标准化专业技术委员会、龙头企业合作的同时，吸引氢能源领域国内外专业技术和标准化专家，通过与其合作的方式弥补本地人才短缺的问题。具体来说，可聘请本领域的专家以及行业内的其他专业人士作为拟建的粤港澳大湾区氢能经济职业学院的全职或者兼职讲师与教授，为未来佛山市氢能源产业培养大量专业工程师、开发专家以及操作人员。对于佛山已有的氢能源企业，也可以和专家团队进行合作，比如华南理工大学的廖世军教授，以结合企业与高校各自的优势突破企业本身或者行业内的技术难题。本地培养人才有助于本地氢能源发展，只有通过引进外地专家与本地企业或者高校已有的专家合作以及帮助本地高校培养氢能源储备人才，才能满足佛山市本地企业对于氢能源人才的迫切需求，从而达成进一步聚焦尖端人才、技术，合理发展氢能源的目标，推动氢能源产业不断蓬勃发展。

9.5 专利协同创新与运营管理

9.5.1 加强产学研协同创新，促进技术成果转化

在广东省与佛山市现有产业、企业的基础上，建议加强与省内乃至全国在氢能源领域研发实力强劲的上述高校进行合作，在推动本土氢能源与燃料电池汽车产业化发展的同时，培养一批技能型、应用型、创新型人才，研发出更多高价值专利技术，形

成完善的产学研创新合作体系，引导氢能源产业市场有序健康发展。

9.5.2 注重高价值专利培育，加强海外专利布局

广东省与佛山市应加强本土氢能源产业高价值专利的培育，在现有产业的基础上，重点培养本地氢能源产业，通过政策引导和补贴扶持等，促进各大企业、高校和科研院加大研发与创新，挖掘出一批质量高、实用性强的发明专利技术，并且在做好本土核心专利布局的基础上，学习日本、美国等氢能源产业领军企业加强海外市场的专利布局，避免在产品进行海外上市时出现侵权风险，提前做好预防和保护措施。

9.5.3 贯彻企业知识产权管理规范国家标准

广东省与佛山市应推动氢能源企业贯彻企业知识产权管理规范国家标准，建立企业知识产权工作的规范体系，加强对企业知识产权工作的引导，指导和帮助企业进一步强化知识产权创造、运用、管理和保护，增强自主创新能力，出台激励措施以推动广东省与佛山市氢能源产业的企业提升知识产权制度运用能力，实现对知识产权的科学管理和战略运用，切实提高广东省与佛山市氢能源产业的国内外市场竞争能力。

参考文献

[1] 氢能源行业产业链分析 下游燃料电池起飞在即 [J]. 电器工业，2018（11）：59-60.

新冠肺炎治疗药物专利分析报告

曾小青　岳梓洋

广东省知识产权保护中心

第 1 章　新冠肺炎治疗药物研究概述

1.1　新型冠状病毒简介

新型冠状病毒（Severe Acute Respiratory Syndrome Coronavirus 2，SARS-CoV-2）是目前已知的第 7 种可以感染人的冠状病毒，其引发的新型冠状病毒感染（Corona Virus Disease 2019，COVID-19）是严重威胁人类健康的传染性疾病。SARS-CoV-2 属于 β 属的冠状病毒，有包膜，颗粒呈圆形或椭圆形，直径 60~140nm，是正股单链的 RNA 病毒，其基因组长度约 30kbit，具有 5 个必需基因，分别针对核蛋白（N）、病毒包膜（E）、基质蛋白（M）和刺突蛋白（S）4 种结构蛋白及 RNA 依赖性的 RNA 聚合酶（RNA-dependent RNA polymerase，RdRp）。核蛋白（N）包裹 RNA 基因组构成核衣壳，外面围绕着病毒包膜（E），病毒包膜包埋有基质蛋白（M）和刺突蛋白（S）等蛋白，刺突蛋白通过结合血管紧张素转换酶 2（Angiotensin-Converting Enzyme 2，ACE2）进入细胞。体外分离培养时，SARS-CoV-2 在 96 个小时左右即可在人呼吸道上皮细胞内发现。与其他病毒一样，SARS-CoV-2 基因组也会发生变异，某些变异会影响病毒的生物学特性，如 S 蛋白与 ACE2 亲和力的变化将会影响病毒入侵细胞复制、传播的能力，康复者恢复期和疫苗接种后抗体的产生，以及抗体药物的中和能力。

世界卫生组织提出的"关切的变异株"（Variant of Concern，VoC）有 5 个，分别为阿尔法（Alpha）、贝塔（Beta）、伽马（Gamma）、德尔塔（Delta）和奥密克戎（Omicron）。后来，Omicron 株感染病例取代 Delta 株成为主要流行株，证据显示 Omicron 株传播力强于 Delta 株，但致病力有所减弱，我国常规使用的 PCR 检测诊断准确性未受到影响，但可能降低了一些单克隆抗体药物对其的中和作用。

目前认为 SARS-CoV-2 的生活周期包括病毒吸附进入、脱衣壳、基因组转录和复制、病毒蛋白合成、组装和释放等过程。病毒编码 16 个非结构蛋白（nsp1-nsp16），这 16 种非结构蛋白中的一些是 SARS-CoV-2 复制所必需的酶，其中包括木瓜样蛋白酶（nsp3）、3C 样丝氨酸蛋白酶（3C-like protease，3CLpro，nsp5）、引物酶复合物（nsp7-nsp8）、RNA 依赖的 RNA 聚合酶 RdRp（nsp12）、解旋酶（nsp13）和外切酶

（nsp14），这些都是当前以及未来抗SARS-CoV-2药物开发的潜在靶点。

SARS-CoV-2的传播途径主要为直接传播、气溶胶传播和接触传播。直接传播是指患者打喷嚏、咳嗽、说话的飞沫，呼出的气体近距离直接吸入导致的感染；气溶胶传播是指飞沫混合在空气中，形成气溶胶，吸入后导致感染；接触传播是指飞沫沉积在物品表面，接触污染手后，再接触口腔、鼻腔、眼睛等黏膜，导致感染。2022年5月4日，美国健康生活新闻网报道称，密歇根大学研究发现空气传播新冠病毒的可能性是接触物体表面传播的1000倍，密歇根大学的研究人员在大学校园内对空气和表面样本进行了检测，发现吸入病毒颗粒的概率大于手指接触感染的概率，表明新冠病毒气溶胶传播风险远甚接触传播，这也是病毒防治的难点。

根据现有病例资料，新冠病毒的发病特征以发热、干咳、乏力等为主要表现，少数患者伴有鼻塞、流涕、腹泻等上呼吸道和消化道症状。重症病例多在1周后出现呼吸困难，严重者快速发展为急性呼吸窘迫综合征、脓毒症休克、难以纠正的代谢性酸中毒和出凝血功能障碍及多器官功能衰竭等。值得注意的是，重症、危重症患者病程中可为中低热，甚至无明显发热。轻型患者仅表现为低热、轻微乏力等，无肺炎表现。从目前收治的病例情况看，多数患者预后良好，少数患者病情危重，老年人和有慢性基础疾病者预后较差，儿童病例症状相对较轻。

1.2 新型冠状病毒的防治

新型冠状病毒感染的肺炎疫情暴发后，至今在全球范围内已有多次大流行，危及全人类的生命安全及社会发展。尤其是奥密克戎变种于2021年11月第一次在非洲发现后，其传染力和致病性较之前的变种显著增强，在包括中国在内的多个国家引起新一轮疫情。

在疫情的冲击之下，中国积极行动，快速建立了国家应对新冠疫情联防联控机制。在该机制下，中国坚持以科学为先导，充分运用近年来科技创新成果，组织协调全国优势科研力量，坚持科研、临床、防控一线相互协同和产学研各方紧密配合。快速组建了由科技部牵头，国家药品监督管理局、国家卫生健康委员会、中医药管理局、中国科学院等部委共同参与的科研攻关组，实施科研应急攻关。从2020年1月16日《新型冠状病毒感染的肺炎诊疗方案（试行）》发布以来，截至2022年3月15日，国家卫生健康委办公厅、国家中医药管理局办公室联合共计印发了九版《新型冠状病毒肺炎诊疗方案》，最新版不仅列入了新引进的Paxlovid（奈玛特韦片/利托那韦片），还纳入了我国首个自主知识产权的靶向抗体药——安巴韦单抗/罗米司韦单抗注射液。抗疫全程遵循安全、有效、可供的原则，加快推进药物、疫苗、新型检测试剂等研发和应用，适应疫情防控一线的紧迫需求，围绕"可溯、可诊、可治、可防、可控"，坚持产学研用相结合，聚焦临床救治和药物、疫苗研发、检测技术和产品、病毒病原学和流行病学、动物模型构建五大主攻方向，组织全国优势力量开展疫情防控科技攻关，加速推进科技研发和应用，部署启动各类应急攻关项目。

1.3 新冠药物的研制现状和效果

潜在的新冠病毒治疗靶点主要有刺突蛋白（Spike，S）阻断、ACE2受体抑制、跨膜丝氨酸蛋白酶2（transmembrane protease serine 2，TMPRS2）抑制以及病毒复制周期关键酶抑制。目前，新冠病毒治疗药物的研发主要集中在S蛋白中和抗体、病毒复制周期关键酶抑制剂及抑制炎症反应这三个方向。

针对新冠病毒表面刺突蛋白的RBD研发生物制药在抗新冠药物发现中发挥了至关重要的作用。新冠病毒感染人体细胞的关键步骤之一为病毒表面的刺突蛋白（Spike，S）与人体细胞表面的ACE2具有极高的亲和力，二者结合引发细胞膜的内吞作用将病毒吞入宿主细胞内，导致病毒对宿主细胞的感染，引发肺炎。抗疫初期采用的中成药中有许多天然成分对ACE2具有抑制作用，例如中药连花清瘟制剂中的连翘酯苷、芦荟大黄酸、绿原酸等多酚类物质。

而在病毒相关酶中，木瓜蛋白酶样半胱氨酸蛋白酶（Papain-like protease，PL）、3CLpro和RNA依赖的RNA聚合酶均为重要靶点。这是因为新冠病毒入侵宿主细胞后，首先利用细胞内的物质合成两条超长多聚蛋白前体（pp1a和pp1ab）用于复制，随后这两条多聚蛋白前体被3CL和木瓜样蛋白酶（Papain-like protease，PLpro）等剪切才能产生病毒复制所必需的非结构蛋白如RdRp、解旋酶等。RdRp与其他辅助因子（nsp7、nsp8等）组装成一台高效的RNA合成机器进行自我复制，产生病毒基因组。因此，在新冠病毒复制周期中，3CLpro、PL和RdRp对病毒基因组的复制至关重要，对这些靶点的抑制能很好地抑制病毒在人体内的活性。

抗炎药物则主要通过作用于人体免疫系统，进而缓解新冠病毒引发的细胞因子风暴综合征（CSS），同时可避免急性呼吸窘迫综合征（ARDS）、多器官功能障碍综合征（MODS）等致命并发症。

1.4 小分子药物的研制进展

小分子药物在新冠疫情初期至今一直被寄予厚望，疫情初期迫于无特效药，各国尝试了羟氯喹、法匹拉韦、瑞德西韦等，有的被批准上市，有的也被证明效果不佳。随着Omicron持续蔓延，变异的毒株接连削弱着中和抗体药物和疫苗的防护作用，更加凸显出了新冠小分子药物的优势：①靶点高度保守，不易发生耐药性突变；②给药方式简单，患者顺应性强；③产能限制少，成本相对中和抗体等大分子药较低；④储存和运输条件易满足，普及性强。因此，小分子药物在未来依然有巨大的应用前景和商业价值，是新冠治疗的关键手段，也是新药研发的"主赛道"。

目前，抗冠状病毒小分子化合物药物的开发策略主要有3种：一是通过虚拟筛选方式，从天然产物或合成化合物库中筛选出对特定病毒靶点有潜在作用的化合物；二是对先导化合物进行结构修饰改造，或从头设计，发现活性较强且具有良好药代动力学（简称药动学）性质的候选化合物；三是老药新用，增加已上市药物的适应证。2020年5月，美国FDA批准吉利德科学公司的瑞德西韦Remdesivir（注射）用于紧急治疗新冠肺炎重症患者，该药品随后于当年10月正式上市。但考虑到新冠病毒的传播力和变异特性，作为需广泛使用的抗病毒药，口服药物明显比注射药物更具便利性和安全性。因此，口服的抗新冠病毒药物成为人类战胜这个流行病的重要武器。国外的药企中，以默沙东Molnupiravir（口服）和辉瑞Paxlovid（口服）研发进度全球领先，包括吉利德的Remdesivir（注射）在内，3种小分子新冠药物已于多国获批上市，其中2种口服药物都与药品专利池（Medicines Patent Pool，MPP）组织达成协议，允许全球约100个中低收入国家生产该仿制药，但中国除外。日本盐野义制药公司也紧随其后，其口服抗病毒药物Ensitelvir目前已提交日本新药申请，全球Ⅲ期临床试验也在开展中。Veru的Sabizabulin已获得FDA快速通道的资格，Ⅲ期中期分析实验结果近期也得以公布。

我国新冠小分子药物的研发速度也始终处于世界前列，科研人员针对新冠病毒生命周期中的关键蛋白质开展基于结构的新型小分子药物设计与发现工作，获得了数个用于抗新冠肺炎的小分子候选药物。作为目前已经上市的国产新冠治疗药物，真实生物的阿兹夫定研发进展顺利，2022年8月9日，国家卫健委和中医药局印发《关于将阿兹夫定片纳入新型冠状病毒肺炎诊疗方案的通知》，将阿兹夫定片纳入《新型冠状病毒肺炎诊疗方案（第九版）》。备受瞩目的君实生物VV116，其对应RdRp靶点，已于2021年在乌兹别克斯坦获批，目前正开展全球多中心轻中症Ⅱ/Ⅲ期以及重症Ⅲ期临床研究，将在国内提出VV116药品上市许可申请；歌礼公司在2022年8月4日宣布，其新冠口服候选药物RdRp靶点的ASC10新药临床试验申请已获国家药监局受理；开拓药业的普克鲁胺研发进展也较快，目前已在巴拉圭、利比里亚、波黑萨拉热窝州获批，还获得加纳共和国授权使用，正开展全球多中心Ⅲ期临床试验，结果令人期待。此外，我国还有十余个新冠口服药尚处于研发阶段，有的进展较快，例如先声药业SIM0417、前沿生物FB2001等，有的则还处于临床前阶段，但总体研发管线数量十分丰富。

鉴于小分子新冠药物仍是未来的主要竞争赛场，过去新冠药物研发领域的乱象也需要及时遏制。例如，有鼻、咽喷雾剂等给药途径药物申报拟用于新冠肺炎的治疗或预防，该给药途径用于抗病毒治疗和预防的研发应慎重；针对无症状患者进行药物干预的治疗学争论也一直存在；部分药企宣称进行研发布局，进行假病毒、蛋白质结合等试验，但许多仅停留在简单的细胞试验水平，缺乏动物实验和活体病毒实验。这些不仅需要国家疾病控制部门给出意见进行综合考虑，需要监管部门提出明确的研发的门槛，给出规范性方向，还有赖于国家对公共卫生以及高水平大学研究机构的建设投入。

第 2 章 专利检索方法概述

2.1 数据来源

本研究采用专利数据库 incoPat 商业数据库作为主要数据库，国家知识产权局专利检索与服务系统、HimmPat 商业数据库等作为补充数据库。其中，incoPat 商业数据库收录了全球 170 个国家/组织/地区 1.8 亿余件专利信息。数据采购自各国知识产权官方和商业机构，全球专利信息每周更新四次。相关数据信息包含专利法律状态、专利诉讼信息、企业工商信息、运营信息、海关备案、通信标准、国防解密专利等信息。

2.2 检索策略

根据要研究的新冠肺炎治疗药物领域的特点，本报告采用总—分式检索，通过对"新冠病毒""新冠肺炎""药物"关键词进行中英文扩展，结合 IPC 分类号，得到新冠肺炎治疗药物领域的全球专利文献，然后在上述文献的基础上进一步缩小范围，根据要研究的技术构成等进行具体研究。

2.3 检索范围

根据项目实施时间，本项目检索范围为申请日 2020 年 1 月 1 日至 2022 年 10 月 26 日，检索截止日期为 2022 年 11 月 10 日。同时，由于专利的公开（公告）存在滞后性以及 PCT 申请进入国家阶段的时间周期长等原因，本项目中统计的专利申请量比实际的少，具体反映在报告中各数据分析图表可能出现数据偏低的情况。

2.4 检索结果处理

1. 数据去噪

通过对去噪检索要素的各关键词、分类号及其组合进行检索，将检索到的噪声文献从总的检索结果中去除，综合利用标题检索、分类号检索、关键词检索等方式进行批量去噪，针对重点分析的专利进行人工阅读去噪。

2. 查全查准

通过研究领域的龙头企业的相关专利作为查全样本，对检索数据进行查全率验证。通过随机选取某几个特定时间段的检索数据进行查准率验证。

3. 数据标引

对经过数据去噪的每一项专利申请赋予属性标签，以便于统计学上的分析研究。所述的"属性"可以是技术分解表中的类别，也可以是技术功效的类别，或者其他需要研究的项目的类别。当给每一项专利申请进行数据标引后，就可以方便地统计相应类别的专利申请量或者其他需要统计的分析项目。数据标引采用批量标引和人工标引方法。

4. 重要专利筛选

分析重要专利是专利分析中一项十分重要的工作。筛选重要专利的原则主要包括：被引频次、同族国家数、重要申请人/发明人的专利、专利有效性、纠纷/诉讼专利、技术路线关键节点等。考虑到实际操作中的问题，并结合本领域的技术特点，本报告选择国内外重点申请人的专利和专利法律状态等作为判断重要专利的因素。

2.5 相关事项说明

1. 单位"件"与"项"

根据专利数据统计分析的需要，本报告中提到的合并申请号是指针对同一申请号的申请文本和授权文本等视为同一件专利，单位记作"件"；而提到的合并简单同族是指针对同一技术方案基于相同优先权进行多件专利申请的视为同一族专利，单位记作"项"。1项专利申请可能对应于1件或多件专利申请。

2. 关于"中国专利"的约定

本项目报告中所提到的"中国专利"，指的是在中国大陆受理的专利，也是将中国大陆作为专利的目标国，专利目标国是指作为专利技术布局的国家，往往具有良好的市场发展前景。相应地，本项目报告中所提到的中国申请人，指的是专利申请人地址为在中国大陆的申请主体，亦是中国大陆作为专利的来源国，专利来源国是指掌握专利技术的国家，往往具有强大的技术创新实力。由于中国大陆和港澳台的专利制度相互独立，因此以上定义均不包括港澳台地区。

3. 同族专利

同一项发明创造在多个国家申请而产生的一组内容相同或基本相同的专利文献出版物，称为一个专利族或同族专利。从技术角度来看，属于同一专利族的多件专利申请可视为同一项技术。同族专利较多的专利申请，意味着该专利向多个国家和地区同时申请，专利在产业链上所处的位置较为关键，价值较高。

4. 法律状态

有效,在本报告中,"有效"专利是指到检索截止日为止,专利权处于有效状态的专利申请。失效,在本报告中,"失效"专利是指到检索截止日为止,已经丧失专利的专利或者自始至终未获得授权的专利申请,包括专利申请被视为撤回或撤回、专利申请被驳回、专利权被无效、放弃专利权、专利权因费用终止、专利权届满等。审查中,在本报告中,"审查中"专利是指该专利申请可能还未进入实质审查程序或者处于实质审查程序中,也有可能处于复审等其他法律状态。

第 3 章 新冠肺炎治疗药物全球专利分析

本章从专利来源、主要申请人和专利构成等维度对新冠肺炎治疗药物全球专利开展分析。

3.1 全球专利来源分析

自 2020 年以来，共检索到新冠肺炎治疗药物全球专利 4152 项，每年的专利申请量如表 3-1 所示。

表 3-1 2020—2022 年新冠肺炎治疗药物专利申请量

申请年份	专利数量/项
2020	1495
2021	2188
2022	469

图 3-1 是新冠肺炎治疗药物全球专利来源分布图，其中中国专利申请和 PCT 专利申请占据前两位，占比分别为 36.42% 和 35.93%；美国、韩国、印度和欧洲专利局也具有一定的专利申请。

图 3-1 新冠肺炎治疗药物全球专利来源分布

3.2 全球专利技术构成

图 3-2 是新冠肺炎治疗药物全球专利主要技术构成，以主分类号大组进行统计分析，主要大组分类号的含义见表 3-2。

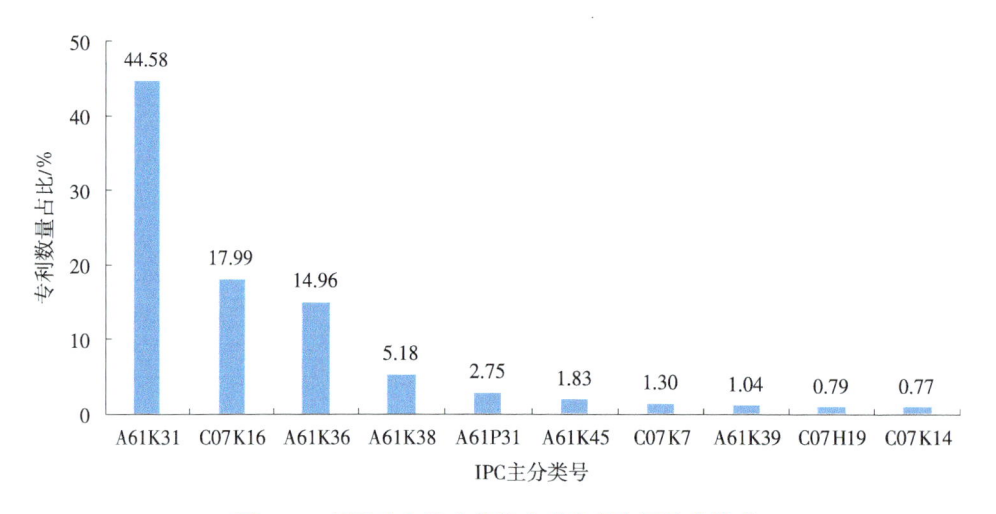

图 3-2　新冠肺炎治疗药物全球专利主要技术构成

全球专利中，主分类号为 A61K31 的专利申请占比最高，说明全球研发的焦点主要集中在含有机成分的新冠肺炎治疗化学类药物上；主分类号为 C07K16 和 A61K36 的专利申请分别占到 17.99% 和 14.96%，说明治疗新冠肺炎的抗体药和中药领域也是仅次于化学药的研究热点；另外，在含肽的医药制品、抗感染药等领域也有一定的研究热度。

表 3-2　主要 IPC 分类号含义

序号	分类号	含义
1	A61K31	含有机有效成分的医药配制品
2	C07K16	免疫球蛋白，例如单克隆或多克隆抗体
3	A61K36	含有来自藻类、苔藓、真菌或植物或其派生物，例如传统草药的未确定结构的药物制剂
4	A61K38	含肽的医药配制品（含 β 内酰胺环的肽入 A61K31/00；其分子中除形成其环的肽键外没有其他任何肽键的环状二肽，如哌嗪 2,5 二酮入 A61K31/00；基于麦角林的肽入 A61K31/48；含有按统计学分布氨基酸单元的大分子化合物的肽入 A61K31/74；含有抗原或抗体的医药配制品入 A61K39/00；特征在于非有效成分的医药配制品，如作为药物载体的肽入 A61K47/00）
5	A61P31	抗感染药，即抗生素、抗菌剂、化疗剂

续表

序号	分类号	含义
6	A61K45	在 A61K31/00 至 A61K41/00 各组中不包含的含有效成分的医用配制品
7	C07K7	在完全确定的序列中含有 5~20 个氨基酸的肽；其衍生物
8	A61K39	含有抗原或抗体的医药配制品（免疫试验材料入 G01N33/53）
9	C07H19	含有杂环与糖化物基团共有 1 个杂环原子的化合物；核苷；单核苷酸类；及其脱水衍生物
10	C07K14	具有多于 20 个氨基酸的肽；促胃液素；生长激素释放抑制因子；促黑激素；其衍生物

3.3 全球专利主要申请人

表 3-3 是新冠肺炎治疗药物全球专利主要申请人，在全球排名前十的申请人中，有 9 家均为中国的科研院所或高校，只有韩国药企赛尔群（Celltrion）公司为国外申请人，说明在新冠肺炎治疗药物领域的研究主要集中在我国的研究机构和高校。

表 3-3 新冠肺炎治疗药物全球专利主要申请人

序号	申请人	专利数量/项
1	中国人民解放军军事科学院军事医学研究院	55
2	中国科学院上海药物研究所	33
3	中国科学院武汉病毒研究所	32
4	中国科学院微生物研究所	29
5	赛尔群公司	26
6	山东大学	25
7	中山大学	21
8	中国医学科学院医药生物技术研究所	19
9	四川大学华西医院	19
10	天津中医药大学	19

第4章 新冠肺炎治疗药物中国专利分析

本章从中国专利构成、专利省市分布、主要申请人等维度对新冠肺炎治疗药物中国专利开展分析。

4.1 中国专利技术构成

图 4-1 是新冠肺炎治疗药物中国专利主要技术构成，以主分类号大组进行统计分析。

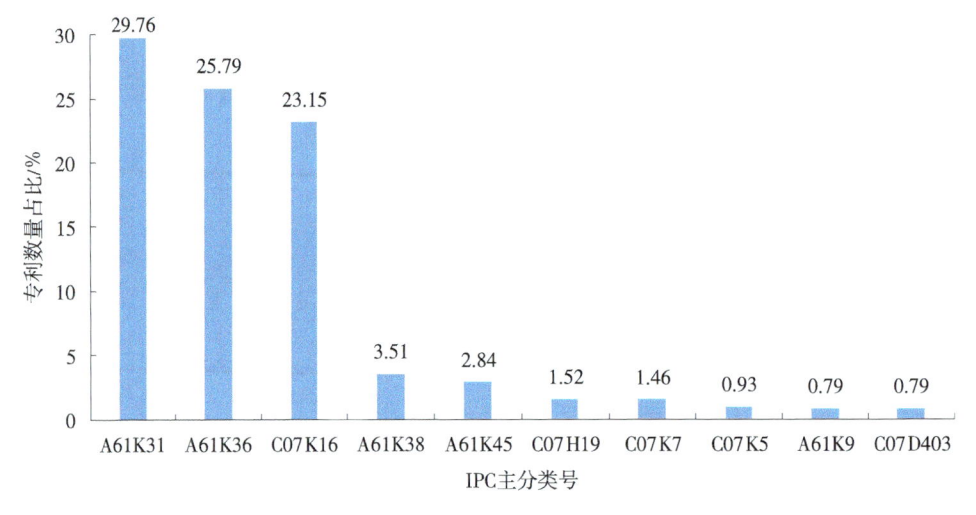

图 4-1 新冠肺炎治疗药物中国专利主要技术构成

主分类号为 A61K31、A61K36 和 C07K16 的专利申请分别占到 29.76%、25.97% 和 23.15%，说明我国在对应的化学药、中药和抗体药领域均有研究布局且研究热度相当。

4.2 中国专利省市分布

图 4-2 是新冠肺炎治疗药物中国专利主要省市，其中北京市和广东省的专利申请量最多，分别达到 273 项和 271 项；江苏省和上海市次之，分别为 146 项和 143 项；另

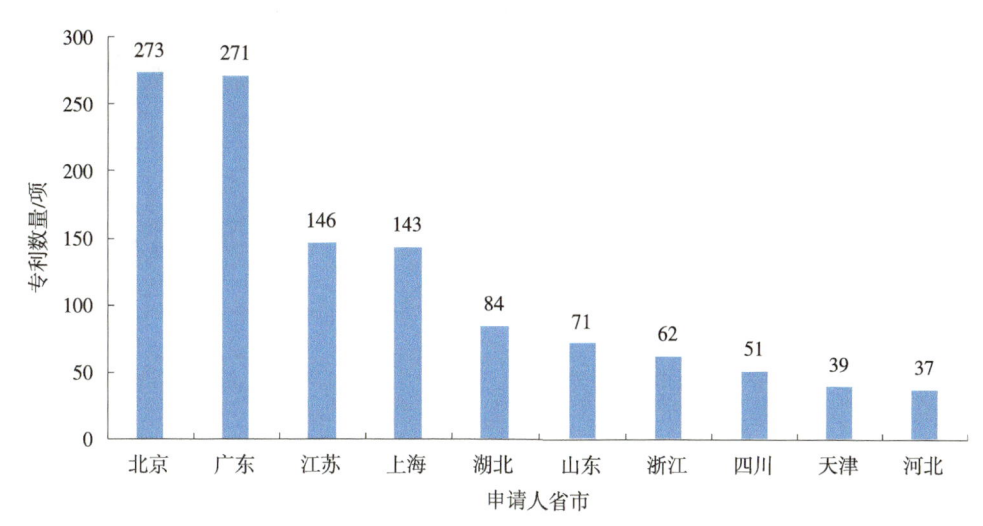

外，湖北省、山东省、浙江省等也有一定的专利申请。

图 4-2　新冠肺炎治疗药物中国专利主要省市

4.3　中国专利主要申请人

图 4-3 是新冠肺炎治疗药物中国专利申请人类型分布，其中企业专利申请占 39.35%，大专院校和科研单位专利申请分别占 26.46% 和 22.02%，机关团体专利申请占 11.97%，进一步分析机关团体主要以医院为主。

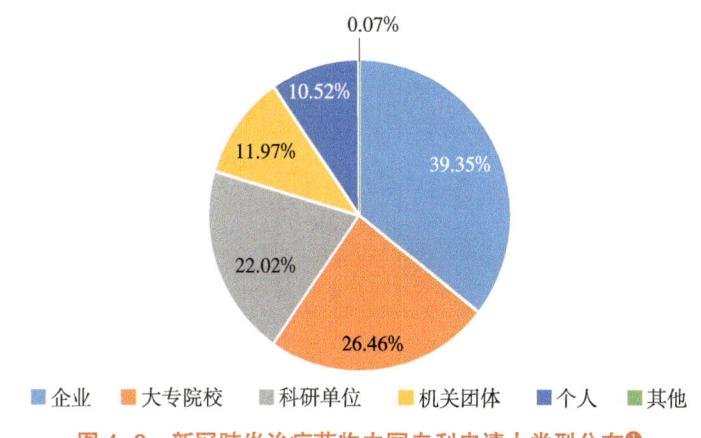

图 4-3　新冠肺炎治疗药物中国专利申请人类型分布❶

表 4-1 是新冠肺炎治疗药物中国专利主要申请人，在中国排名前十的申请人中，有 6 家科研院所、3 家高校和 1 家医院。

---

❶ 由于部分申请人具备双重身份，比如 incoPat 在做底层标引时把部分申请人同时标引为科研单位和机关团体，导致重复计算，因此，饼图中的比例总和并不等于 100%。

表 4-1　新冠肺炎治疗药物中国专利主要申请人

序号	申请人	专利申请量/项
1	中国人民解放军军事科学院军事医学研究院	47
2	中国科学院上海药物研究所	33
3	中国科学院武汉病毒研究所	32
4	中国科学院微生物研究所	26
5	山东大学	25
6	中山大学	21
7	中国医学科学院医药生物技术研究所	19
8	四川大学华西医院	19
9	天津中医药大学	19
10	中国科学院大连化学物理研究所	18

对比图 4-3 和表 4-1 得出，虽然 39.35% 的专利由企业申请，但排名前十的申请人均为科研机构或高校，这说明企业在新冠肺炎治疗药物领域的申请相对分散。

表 4-2 列出了中国专利的主要企业申请人、专利数量及研究领域等，企业主要在抗体、化学药等领域具有一定的专利申请。

表 4-2　新冠肺炎治疗药物中国专利主要企业申请人

序号	申请人	专利申请量/项	研究领域
1	安源医药科技（上海）有限公司	8	抗体
2	武汉生物制品研究所有限责任公司	8	抗体
3	武汉菲沙基因组医学有限公司	7	抗体
4	江苏康缘药业股份有限公司	7	中药
5	深圳市因诺赛生物科技有限公司	7	抗体
6	苏州凯祥生物科技有限公司	7	化学药（黄酮类化合物）
7	苏州立新制药有限公司	7	化学药（N4-羟基胞苷）
8	华北制药集团新药研究开发有限责任公司	6	化学药
9	武汉华美生物工程有限公司	6	抗体
10	江苏集萃医学免疫技术研究所有限公司	6	抗体

第 5 章 重点专利分析

在病毒相关酶中,木瓜蛋白酶样半胱氨酸蛋白酶(Papain-like protease, PLpro)、3C 样丝氨酸蛋白酶(3C-like protease, 3CLpro)和 RNA 依赖的 RNA 聚合酶(RNA-dependent RNA polymerase, RdRp)均为重要靶点,参与病毒的复制转录,对这些靶点的抑制能很好地抑制病毒在人体内的活性。

5.1 3C 样丝氨酸蛋白酶药物研究情况

3C 样丝氨酸蛋白酶(3CLpro)为 SARS-CoV-2 的主蛋白酶(Mpro),负责裂解产生病毒存活复制所需要的结构蛋白,其结构高度保守,在变异株中几乎不发生突变,与人类蛋白酶同源性低,是应对新冠变异株的重要靶点,也是当前研究最广泛的靶点之一。

全球新冠肺炎治疗药物全球专利中以 3CLpro 为研究靶点的专利数量为 349 件,图 5-1 是全球排名前十的申请人分布情况。其中,中国各类研究机构和高等院校占据了 7 席,充分表明中国头部科研机构及高校在相关药品研发中的创新力和引领力,而国外排在前十的 3 个申请人中有 2 个为龙头制药企业,1 个为高等院校。

申请人	专利数量/件
中国科学院上海药物研究所	25
辉瑞公司	11
山东大学	10
埃纳恩塔制药公司	9
中国科学院武汉病毒研究所	8
中国科学院大连化学物理研究所	7
上海中医药大学	6
中国医学科学院医药生物技术研究所	5
南方科技大学	5
亚利桑那大学董事会	4

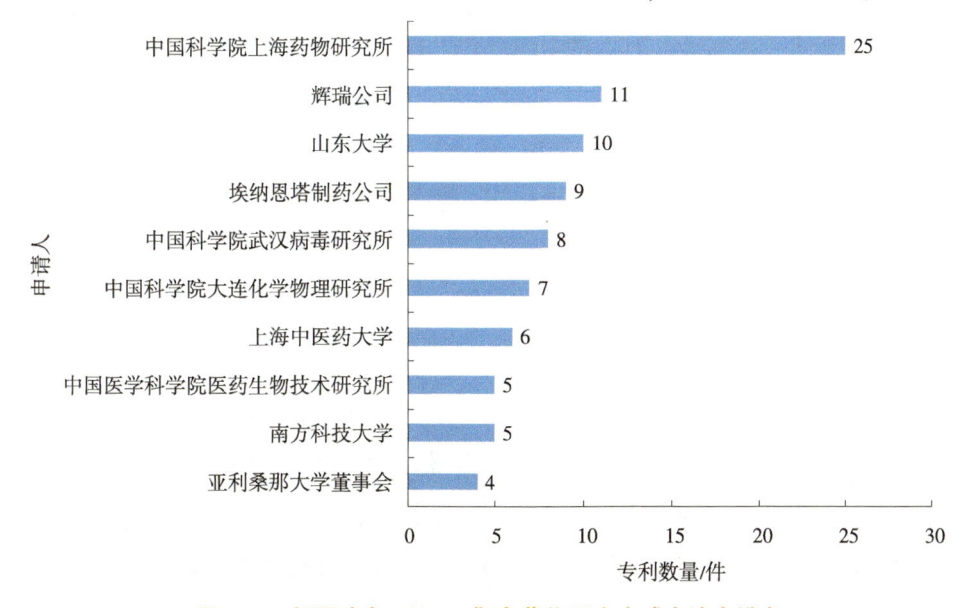

图 5-1 新冠肺炎 3CLpro 靶点药物研究全球申请人排名

申请人中排在第一位的中国科学院上海药物研究所在该靶点研究中取得的突破最多，早在 SARS-CoV 发生后，中国科学院上海药物研究所就设计并合成了一系列拟肽类化合物。在新冠疫情暴发后，研究团队利用前期在抗冠状病毒药物研究中积累的经验，基于主蛋白酶 3CLpro 的晶体结构，迅速展开抗新冠肺炎的新药研发，综合采用计算机辅助药物设计与药物化学结构优化策略建立药物筛选平台，研制并成功转化了数种相关药物。

全球排名中第二位的是辉瑞公司（Pfizer Inc.），在其研发的组合类药物 Paxlovid 中，核心药物奈玛特韦（Nirmatrelvir）即一种结合力较强的 3CLpro 抑制剂。该药物在不同风险的德尔塔毒株患者中都展现了良好的病毒中和能力、临床疗效和安全性，对奥密克戎变种毒株的抑制作用也较强。

从目前全球 3CLpro 药物研发管线中的授权情况来看（见表 5-1），52 个已授权的专利中，美国的埃纳恩塔制药公司和辉瑞公司占据着领先地位，但中国申请人在数量上仍然有较大优势。其中，三优生物医药（上海）有限公司、上海之江生物科技股份有限公司以及北京科翔中升医药科技有限公司这三个申请主体为国内研发速度较快的企业，表明国内企业虽然在申请数量上暂时落后，但在自主研发的势头和产业化速度上仍然有不错的表现。

表 5-1　已授权的新冠肺炎 3CLpro 靶点药物的全球排名

序号	申请人	专利数量/件
1	埃纳恩塔制药公司	4
2	辉瑞公司	3
3	中国医学科学院医药生物技术研究所	3
4	中国科学院上海药物研究所	3
5	心悦生医股份有限公司	2
6	三优生物医药（上海）有限公司	2
7	上海中医药大学	2
8	上海之江生物科技股份有限公司	2
9	上海交通大学	2
10	北京科翔中升医药科技有限公司	2

我国企业针对热门靶点 3CLpro 药物正在加紧研发中，图 5-2 展示了我国申请 3CLpro 靶点药物的企业排名情况，其中，华北制药集团新药研究开发有限责任公司排在第一位，其与北京化工大学共同申请了奈非那韦和卡非佐米作为冠状病毒广谱抑制剂的新用途，属于老药新用的类型。与华北制药集团新药研究开发有限责任公司并列

排在第一位的广州谷森制药有限公司则聚焦于新药研制方面，其申请的专利均为独立研制的药物及其组合物。此外，中国科学院上海药物研究所与中国科学院昆明动物研究所作为海南海药股份有限公司的共同申请人则属于老药新用的研究领域，而其余的企业同样致力于新药研发方向。由此可见，从国内企业专利的申请情况来看，3CLpro抑制剂的新药研发可能占据了较大的比例，加上新冠疫苗/药物在各个必经环节的明显提速，促使国内相关企业也在加紧布局中。

■ 华北制药集团新药研究开发有限责任公司　　■ 广州谷森制药有限公司
■ 上海药明康德新药开发有限公司　　■ 北京科翔中升医药科技有限公司
■ 山东达因海洋生物制药股份有限公司　　■ 上海元熙医药科技有限公司
■ 上海爱启医药技术有限公司　　■ 中国科学院上海药物研究所和海南海药股份有限公司
■ 中国科学院昆明动物研究所和海南海药股份有限公司

图 5-2　中国申请新冠肺炎 3CLpro 靶点药物的企业及其专利数量（单位：件）

5.2　重点申请人药物研究情况

表 5-2、表 5-3 和表 5-4 分别列出了部分重点申请人的专利清单。

表 5-2　中国科学院上海药物研究所 3CLpro 靶点药物的专利申请情况

序号	标题（中文）	申请人	当前法律状态	研究类型
1	杨梅素和二氢杨梅素磷酸酯类化合物在防治新冠肺炎药物中的应用	中国科学院上海药物研究所；中国科学院武汉病毒研究所	实质审查	老药新用
2	一种拟肽类化合物及其制备方法、药物组合物和用途	中国科学院上海药物研究所；中国科学院武汉病毒研究所	实质审查	新药研发
3	噻唑类化合物在制备抗 SARS-CoV-2 新型冠状病毒药物中的应用	江南大学；中国科学院上海药物研究所	实质审查	新药研发

续表

序号	标题（中文）	申请人	当前法律状态	研究类型
4	苯并噻二唑类化合物在制备抗SARS-CoV-2新型冠状病毒药物中的应用	江南大学；中国科学院上海药物研究所	实质审查	老药新用（预防和治疗代谢与免疫疾病功能的SHP2抑制剂）
5	醛基类化合物及其制备方法、药物组合物和用途	中国科学院上海药物研究所	实质审查	新药研发
6	一种木蝴蝶多糖、其制备方法及用途	中国科学院上海药物研究所	授权	新药研制
7	一种酮酰胺类化合物的药物用途	中国科学院上海药物研究所	实质审查	新药研发
8	一种醛基类化合物的药物用途	中国科学院上海药物研究所	授权	老药新用
9	247种化合物及其组合物在抗新型冠状病毒感染中的应用	中国科学院上海药物研究所	实质审查	老药新用
10	1869种化合物及其组合物在抗新型冠状病毒感染中的应用	中国科学院上海药物研究所	实质审查	老药新用
11	邻苯三酚及其衍生物作为共价配体反应弹头的用途	中国科学院上海药物研究所	实质审查	新药研发（亲电共价弹头的共价配体）
12	霉酚酸或含霉酚酸的组合制剂在抗冠状病毒中的应用	中国科学院上海药物研究所；中国科学院武汉病毒研究所	实质审查	老药新用
13	苯乙醇苷类化合物及其组合物在制备防治新冠肺炎药物中的应用	中国科学院上海药物研究所	实质审查	老药新用
14	萘酚喹或含萘酚喹的组合制剂在抗冠状病毒中的应用	中国科学院上海药物研究所；中国科学院武汉病毒研究所	公开	老药新用
15	杨梅素类化合物在制备防治新冠肺炎药物中的应用	中国科学院上海药物研究所	实质审查	老药新用
16	茶叶提取物及其组合物在抗冠状病毒中的应用	中国科学院上海药物研究所	实质审查	老药新用
17	含黄芩的中药复方制剂在抗冠状病毒中的应用	中国科学院上海药物研究所	实质审查	老药新用
18	金诺芬等老药及其组合物在抗单正链RNA病毒中的应用	中国科学院上海药物研究所	实质审查	老药新用
19	核苷类似物或含有核苷类似物的组合制剂在抗病毒中的应用	中国科学院上海药物研究所；中国科学院武汉病毒研究所	公开	新药研发
20	昆布多糖及其制备方法和应用	中国科学院上海药物研究所	授权	新药研发

续表

序号	标题（中文）	申请人	当前法律状态	研究类型
21	15种药物有效成分在抗病毒感染中的应用	中国科学院上海药物研究所	实质审查	老药新用（抑制冠状病毒刺突蛋白的药物活性成分）
22	霉酚酸或含霉酚酸的组合制剂在抗冠状病毒中的应用	中国科学院上海药物研究所；中国科学院武汉病毒研究所	实质审查	老药新用（冠状病毒复制抑制剂）
23	苯乙醇苷类化合物及其组合物在制备防治新冠肺炎药物中的应用	中国科学院上海药物研究所	实质审查	老药新用（冠状病毒抑制剂）
24	萘酚喹或含萘酚喹的组合制剂在抗冠状病毒中的应用	中国科学院上海药物研究所；中国科学院武汉病毒研究所	公开	老药新用（冠状病毒复制抑制剂）

表5-3 辉瑞公司3CLpro靶点药物的专利申请情况

序号	标题	申请人	公开（公告）号	当前法律状态	研究类型
1	Ether-Linked Antiviral Compounds	Pfizer Inc.	WO2022208262A1	未进入国家阶段-PCT有效期内	新药研发
2	Nitrile-Containing Antiviral Compounds	Pfizer Inc.	IN202117051620A	公开	新药研发
3	Nitrile-Containing Antiviral Compounds	Pfizer Inc.	US20220257563A1	授权	新药研发
4	Nitrile-Containing Antiviral Compounds	Pfizer Inc.	US20220142976A1	授权	新药研发
5	Nitrile-Containing Antiviral Compounds	Pfizer Inc.	US20220062232A1	授权	新药研发
6	Compounds and Methods for the Treatment of COVID-19	Pfizer Inc.	US20220017548A1	实质审查	新药研发
7	Antiviral Heteroaryl Ketone Derivatives	Pfizer Inc.	WO2022013684A1	未进入国家阶段-PCT有效期内	新药研发
8	Nitrile-Containing Antiviral Compounds	Pfizer Inc.	WO2021250648A1	进入国家阶段-PCT有效期内	新药研发
9	Compounds and Method of Treating COVID-19	Pfizer Inc.	WO2021205290A1	未进入国家阶段-PCT有效期内	新药研发
10	Method of Treating COVID-19	Pfizer Inc.	WO2021205296A1	未进入国家阶段-PCT有效期内	新药研发

续表

序号	标题	申请人	公开（公告）号	当前法律状态	研究类型
11	Methods of Inhibiting SARS-COV-2 Replication and Treating Coronavirus Disease 2019	Pfizer Inc.	WO2021176369A1	进入国家阶段-PCT有效期满	新药研发

表5-4 华北制药及广州谷森制药3CLpro靶点药物的专利申请情况

序号	标题	申请人	公开（公告）号	当前法律状态	研究类型
1	奈非那韦作为冠状病毒广谱抑制剂的新用途	华北制药集团新药研究开发有限责任公司；北京化工大学	CN113797203A	公开	老药新用（冠状病毒的有效抑制剂）
2	卡非佐米作为冠状病毒广谱抑制剂的新用途	华北制药集团新药研究开发有限责任公司；北京化工大学；华北制药金坦生物技术股份有限公司	CN113797313A	公开	老药新用（冠状病毒的有效抑制剂）
3	芦丁作为冠状病毒广谱抑制剂的新用途	华北制药集团新药研究开发有限责任公司；南京双运生物技术有限公司	CN111544442A	实质审查	老药新用（冠状病毒的有效抑制）
4	一种药物组合物及其抗病毒用途	广州谷森制药有限公司	CN114948950A	公开	新药研制
5	一种具有协同增效效应的药物组合物及其抗病毒用途	广州谷森制药有限公司	CN114948982A	公开	新药研制
6	新型氘代氰基类化合物、其制备方法、组合物及应用	广州谷森制药有限公司	CN114957381A	公开	新药研制

上述重点申请人中，老药新用领域的专利申请共计18件，均为冠状病毒抑制剂的新用途，其中包括了合成肽类抑制剂和天然产物类抑制剂，利用的正是3CLpro的基因序列在不同属冠状病毒间高度保守，其催化活性中心一致性强这一特点，加上新冠流行初期新药研发周期较长，新冠治疗药物的探索主要集中在各类抗冠状病毒药物或候选化合物的快速筛选方面。

同时，鉴于新变异株的传播更加迅速，现有治疗药物需要加紧开展有效性试验并及时做出相应调整。适用于轻中症新冠患者，对各种突变株具有广谱的抗病毒活性的新药成为迫切需求。上述申请人中新药研发领域的专利申请总计22件，其中以辉瑞公司最多，主打针对耐受各类变异株、给药简单、可降低轻中度新冠患者给药后的住院或死亡风险的药物。而广州谷森制药有限公司作为上海谷森医药有限公司的子公司，则是以辉瑞公司的 Nirmatrelvir 为核心分子构架，经过前期新化合物设计合成和筛选后确定口服抗新冠候选药物。据悉，该公司自主研发药物的抗病毒活性、药效和安全性均与 Nirmatrelvir 相当，还具有更佳的药动学特质，可完全满足非临床、临床和商业化的需求。

第6章 结 论

根据上述分析的内容可以得出以下结论：

第一，新冠肺炎治疗药物全球专利来源中，中国专利申请和PCT专利申请占比分别为36.42%和35.93%；美国、韩国、印度和欧洲专利局也具有一定的专利申请。

第二，全球专利技术构成中，全球研发的焦点主要集中在含有机成分的新冠肺炎治疗化学类药物上，占到45%，其次抗体药和中药分别占18%和15%；中国专利技术构成中，对应的化学药、中药和抗体药分别占29.76%、25.97%和23.15%，说明在三个领域均有研究布局且研究热度相当。

第三，全球排名前十的申请人中，有9家均为中国的科研院所或高校，只有韩国药企赛尔群（Celltrion）公司为国外申请人，说明在新冠肺炎治疗药物领域的研究主要集中在我国的研究机构和高校，以中国人民解放军军事科学院军事医学研究院和中国科学院上海药物研究所为代表。

第四，针对热门靶点3CLpro药物的相关专利中，中国科学院上海药物研究所和辉瑞公司具有一定的申请优势，中国科学院上海药物研究所利用前期在抗冠状病毒药物研究中积累的经验，基于主蛋白酶3CLpro的晶体结构，综合采用计算机辅助药物设计与药物化学结构优化策略建立药物筛选平台，研制并成功转化了数种相关药物；辉瑞公司在其研发的组合类药物Paxlovid中，核心药物奈玛特韦（Nirmatrelvir）即一种结合力较强的3CLpro抑制剂。我国企业中华北制药集团新药研究开发有限责任公司聚焦老药新用领域；广州谷森制药有限公司则聚焦于新药研制方面，其申请的专利均为独立研制的药物及其组合物。

非充气轮胎专利布局报告

赵秋芬　苏颖君

广东省知识产权保护中心

第1章 非充气轮胎的应用现状分析

1.1 非充气轮胎简介

对于非充气轮胎目前还没有严格规范的定义，一般认为非充气轮胎是指不依赖气体支撑的轮胎。其轮辋和弹性轮辐可以通过变形来减轻振动，并能够非常轻松地回弹，以吸收来自地面颠簸的能量。由于没有传统轮胎的充气需求，同时也没有传统轮胎的轮辋，所以非充气轮胎相比于普通轮胎而言具有免维护、免爆胎、免泄漏的功能。另外，非充气轮胎在纵向受到载荷冲击时，其内部的支撑结构能够拥有相比于普通的充气轮胎要大得多的形变量，由此减轻了崎岖路面通过轮胎传递到悬架和车身的路面冲击，提高车辆的舒适性。

非充气轮胎技术是由轮辋、支撑结构和胎面组成的一套完整的技术体系，涉及轮辋、支撑结构和胎面的结构、尺寸、配合、装卡、材料、相互作用和摩擦磨损等。按照结构形式，非充气轮胎可分为聚氨酯（PU）实心型、胎面腹板型、胎面非腹板型和网面型。

1.2 非充气轮胎在汽车设计和制造技术的应用发展

非充气轮胎从19世纪20年代出现以后，越来越受到人们关注。早期的非充气轮胎主要是实心轮胎，在重工业领域有着广泛的应用，主要安装在搬运或运输沉重型货物和材料的叉车或铲车上。实心轮胎普遍生热快而散热慢，容易因为生热而损坏，而且乘坐舒适性差，因此乘用车辆很少采用。近年来，随着高分子材料的迅猛发展，聚氨酯（PU）弹性材料、热塑性树脂材料逐渐受到各大轮胎公司的密切关注，成为非充气轮胎主要首选材料。国内外轮胎企业和高校对非充气轮胎展开了大量的探索研究。

国外非充气轮胎的研发起步较早，法国米其林、日本普利司通等公司都已推出几代非充气轮胎产品。

米其林公司于2005年发布了新型的Tweel概念轮胎，如图1-1所示，轮胎和轮辋结合成一体，可以在免充气情况下拥有普通充气轮胎的主要功能。Tweel 的发布是具有现代意义的新型非充气轮胎诞生的标志，建立了轮胎经济性、环保性、安全性和行驶平顺性的新标准。Tweel 非充气轮胎包括轮毂、高强度聚氨酯轮辐、直接绕在轮辐外面的剪切带和胎面，没有中间过渡的充气内胎；其具有安全不爆胎，横向及纵向刚性可独立设计，胎面耐磨并且可模块化更换，节能环保等优良性能。Tweel 非充气轮胎已应用于多种场合，如 NASA 月球车、载重机械、工程车辆等。之后米其林公司又推出了 Airless 非充气轮胎，径向有 115 条带有玻璃纤维的树脂环，与橡胶胎面黏合，二者镶嵌式连接，不需要维护保养。高强度胎体为无数辐射状结构，在横向、纵向和径向的弹性得到较好的控制，提高了车辆行驶的安全性和乘坐舒适性。2019 年，米其林公司与通用汽车公司合作推出了 Uptis 非充气轮胎，如图 1-2 所示。这款轮胎采用玻璃纤维填充的高强度树脂材料，具有安全稳定、无须经常维护、节约原料的特点。Uptis 非充气轮胎在结构和复合材料方面实现了突破性创新，并且计划于 2024 年前广泛应用于乘用车。

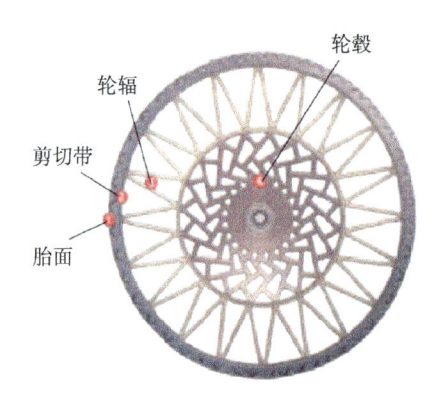

图 1-1 Tweel 非充气轮胎

图 1-2 Uptis 非充气轮胎

普利司通公司于 2011 年推出了第一代放射螺旋网状构造的非充气轮胎，如图 1-3

所示。该轮胎装配了两组热塑性树脂材料的辐条，分别以顺时针和逆时针方向装配在轮辋上，且每根辐条的内外周侧均与车轮中心呈约45°角。它在翻越障碍物时，具有一定的弹性，保证了乘坐的舒适性。2013年，普利司通公司发布了第二代非充气轮胎AirFree，如图1-4所示。该轮胎仍然采用了橡胶胎面和热塑性材料成型的轮辐，提高了最大负荷和行驶速度，同时拥有更低的滚动阻力，可大幅减少二氧化碳的排放量。目前，这款产品已成功试用于日本的老年人专用电动代步车。

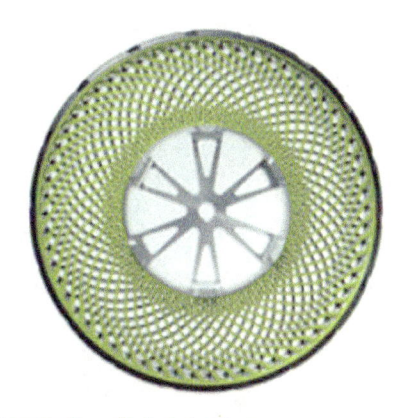

图1-3 普利司通第一代非充气轮胎

图1-4 AirFree概念轮胎

美国固特异轮胎公司（以下简称固特异）从20世纪70年代展开了对PU实心轮胎的研究，将PU材料黏接在轮辋上，车轴上直接安装轮辋使用，PU实心轮胎的配方及工艺均已获美国专利。一款名为"TurfCommand"的非充气轮胎于2017年推出，如图1-5所示，固特异将其应用于割草机上。这款轮胎的轮辐由热塑性材料制成，并将胎面与轮辋连接起来，在保证轮胎刚度的前提下兼顾柔韧性，使割草机能在重载状态下保持平稳行驶并减少对草皮的破坏。此外，固特异还推出了球形概念轮胎Eagle 360urban，这款轮胎为全行业指引了一种全新的轮胎装载与更换方案。2018

年，固特异带来了能物联、能呼吸且能种上苔藓提供氧气的 3D 打印概念轮胎 Oxygene。2019 年，固特异带来了飞行概念轮胎 AERO，它适用于公路行驶，能将车辆动力传输至路面并吸收道路的反作用力；同时也可充当汽车飞行器的推进系统，为汽车提供向上的推力。2020 年，固特异推出了全新的概念轮胎 Recharge。这款轮胎采用轻量化、免充气结构及高窄胎设计。整个轮子是 100% 可生物降解的，其胎面基材由生物材料制成，轮辐也被灵感源自蜘蛛丝的天然强化纤维所代替。Recharge 轮胎的核心技术在于它的独立胶囊，当胶囊插进轮胎中心时，胶囊内填充的液体就会释放到胎面基材上，其含有 100% 可生物降解的增强纤维的胎面还可根据磨损程度自动从胶囊中泵出补充胎面液体。胶囊里的液体胎面配方可基于人工智能技术进行个性化定制。

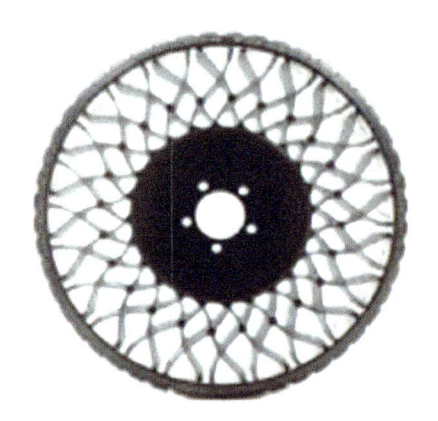

图 1-5 TurfCommand 非充气轮胎

韩泰公司在非充气轮胎领域做了大量的研究工作。2013 年，韩泰发布了名为 i-Flex 的非充气轮胎，如图 1-6 所示。这款轮胎由 PU 材料制成，侧面采用蜘蛛网式结构，并有一个花瓣形的强化支撑结构，质量大大减小。i-Flex 轮胎的内部结构极其复杂，每个均匀分布的小凸起都是一个微型减震器，可有效改善轮胎的振动、噪声与油耗问题。此外，韩泰公司还设计了 Tiltread-A、Motiv、Tessella、eMembrane 和 MagTrac 等多款非充气轮胎。其中，Tiltread-A 由 3 个环状部分结构组成，轮胎在行驶过程中保持最大的牵引性能；Motiv 适用于非公路路面，胎面采用块状花纹设计，在苛刻路面条件下可保持良好性能；Tessella 强调绿色环保设计理念，可随意调整胎面配方，更换胎面；eMembrane 具有较低的滚动阻力，在提高燃油经济性的同时，轮胎在湿滑路面条件下保持良好的抓着性；MagTrac 由独立的车轮和轮毂组成，具有较低的噪声和良好的舒适性。

图 1-6 i-Flex 非充气轮胎

美国固铂轮胎公司于 2008 年与威斯康星州麦迪逊聚合物研究中心合作研制了蜂窝状轮胎，如图 1-7 所示。它主要由胎圈、蜂窝状轮辐和轮毂组成。其中，蜂窝状轮辐利用仿生学原理，利用六边形结构互相支撑形成蜂窝状。这种蜂窝结构的车轮在满足良好减震性能的同时，可最大限度地提高车轮强度；它在降低噪声和轮胎摩擦生热上也比普通轮胎更优。目前，美国军用悍马已开始使用这种轮胎。

图 1-7 蜂窝状轮胎

国内几家轮胎企业和研究团队正在开发设计非充气轮胎。由于起步较晚及资金、技术等方面的限制，国内非充气轮胎基本还处在初期研发设计阶段，但近年也日益发展起来了。

2008 年，北方车辆研究所李莉等设计出一种新型辐板式非充气轮胎，它由带花纹的橡胶胎面和聚氨酯胎体构成，主要应用在路况较差的条件下。

2012 年，南京航空航天大学岳红旭等利用金属材料设计出一种非充气机械弹性车轮，填补了我国特种车辆非充气轮胎方面的空白。机械弹性车轮主要由车轮外圈、弹性环、弹性环组合卡、轮毂、回位弹簧、销轴、铰链等构成，弹性幅度大，抗震性能优异。

军民融合（北京）科技有限公司于2013年提出一种新型非充气轮胎。它的外层与内层之间设有由内角为111.8°的第一六边形、内角为110.4°的第二六边形、内角为119.8°的第三六边形和正六边形组成的蜂窝层，能承受较大变形，抗震和耐磨性能好。

2014年，北京汽车股份有限公司与美国密歇根大学马正东教授合作研发了一款基于三维负泊松比结构的非充气轮胎，称之为N—轮。该轮胎主要由负泊松比结构的V形支撑体、橡胶缓冲带、橡胶胎面和轮圈组成。负泊松比结构的刚度随着接地区域受力的增大而增大。

北京化工大学杨卫民团队提出一种刚柔结构非充气轮胎，其主要由胎面和胎体结构两部分组成，胎体部位有倒锥形通孔，如图1-8所示。由于胎体和轮辋材料均为热塑性高分子材料，大大减小了轮胎的质量，对节能减排、降低油耗具有重大意义。北京化工大学与山东玲珑轮胎股份有限公司联合开发了国内首款3D打印PU轮胎，如图1-9所示。轮胎采用热塑性PU材料，通过熔融沉积法完成打印，内部为正六边形空心结构。之后，吉林大学、北京化工大学、山东玲珑轮胎股份有限公司共同合作，采用3D打印技术制备了具有精细结构的非充气轮胎，如图1-10所示，并进行了三向刚度、滚动阻力等测试，研究发现3D打印非充气轮胎具有优异的操纵稳定性和低滚动阻力等性能。

图1-8 刚柔结构非充气轮胎

图1-9 3D打印PU轮胎

图 1-10　3D 打印非充气轮胎

与传统充气式橡胶轮胎相比，非充气轮胎有着诸多的优势，如节能环保、可模块化设计、重复再生性、无可比拟的安全性和低滚动阻力等。但其仍然存在着很多亟待解决的问题，如噪声、温升和疲劳破坏等。非充气轮胎的发展还需要结构与材料的全面优化匹配，组合设计空间极大，可实现新概念非充气轮胎兼具充气轮胎的优势特点。非充气轮胎可与节能环保高性能可回收材料、仿生学设计、智能控制与智能驾驶、磁悬浮等前沿技术融合，其替代传统充气式橡胶轮胎将会是未来全球轮胎行业发展势不可挡的趋势。

第 2 章　非充气轮胎产业专利态势分析

2.1　检索及技术分支简介

本检索采用的主要专利数据库包括国家知识产权局专利检索与服务系统、incoPat 商业数据库、HimmPat 商业数据库，将美国专利数据库、欧洲专利数据库作为补充数据库。

项目实施团队于 2022 年 12 月完成检索，文中统计的专利均为 2022 年 12 月之前公开的专利申请。需要说明的是，由于专利申请特有的公开制度，专利一般在提出申请后 18 个月后才被公开和收录，因此，2021—2022 年申请的专利中有一部分没有被收录到这次的分析样本中。

在项目调研和专家讨论的基础上，综合专利检索和研究的可操作性，确定以下技术分解及核心研究方向，见表 2-1。

表 2-1　技术分解及核心研究方向

一级技术分支	二级技术分支
非充气轮胎	非充气轮胎结构
	非充气轮胎材料
	非充气轮胎制造工艺
	非充气轮胎制造设备
	非充气轮胎性能检测
	非充气轮胎智能车装

2.2　非充气轮胎全球分析

对全球专利数据进行检索和统计分析，检索范围包括中国、美国、日本、韩国、德国、法国、英国、世界知识产权组织（WIPO）、欧洲专利局（EPO）在内的上百个国家和地区的发明专利和实用新型专利。

为了解非充气轮胎技术领域专利申请整体情况，下面将从全球和中国两个层面，对专利申请的申请趋势、地域布局、主要申请人、技术构成等方面进行分析。

2.2.1 全球专利申请趋势

将全球 12524 件非充气轮胎专利按照申请年份进行统计，得到年度申请量趋势，如图 2-1 所示。由于发明专利申请自申请日（有优先权的自优先权日）起 18 个月（主动要求提前公开的除外）才能被公布，实用新型专利申请在授权后才能获得公布，而 PCT 专利申请可能自申请日起 30 个月甚至更长的时间之后才能进入国家阶段，因此，2021—2022 年的数据不参与趋势分析讨论。

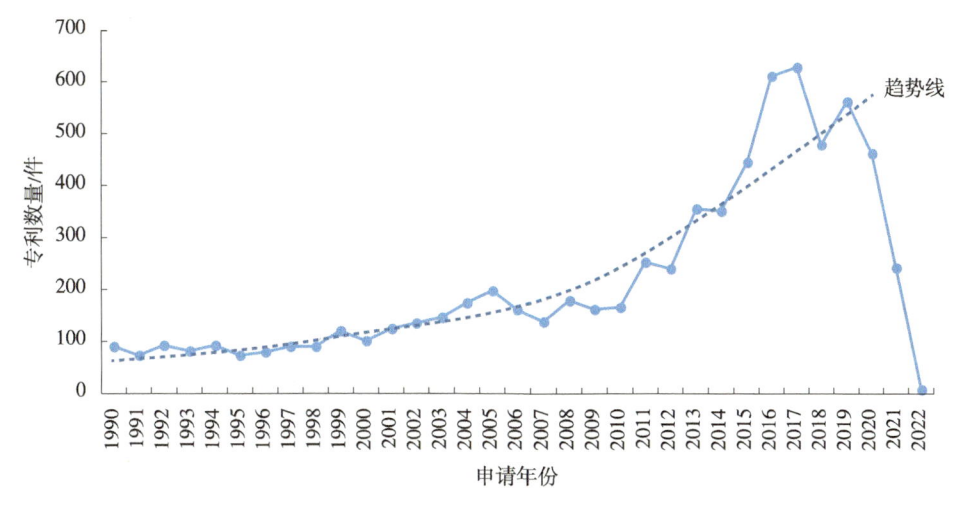

图 2-1 非充气轮胎专利年度申请量趋势

图 2-1 为近 30 年非充气轮胎技术的全球申请趋势，根据总体发展趋势曲线的走势，可以划分为三个阶段：

第一阶段（技术萌芽期：1990—2010 年）：这一阶段，年专利申请量稳定，均在 115 件左右，且年申请量增长缓慢，整体呈平稳发展趋势。

第二阶段（快速发展期：2011—2017 年）：年专利申请量呈现快速增长趋势，这主要是非充气轮胎在世界范围得到较广泛的研究，技术有了新发展，非充气轮胎进入高热时期，大量的专利申请应运而生。

第三阶段（波动发展期：2018—2022 年）：最近几年，年专利申请量变化不大，维持在一个较高区间内上下波动，显示了非充气轮胎进入较为稳定成熟的发展阶段。

由图 2-2 可知，主要申请国家/地区中，中国、美国、日本、韩国、欧洲专利局的专利申请趋势与全球趋势较为一致，英国、德国、法国的专利申请量不大且保持平稳。

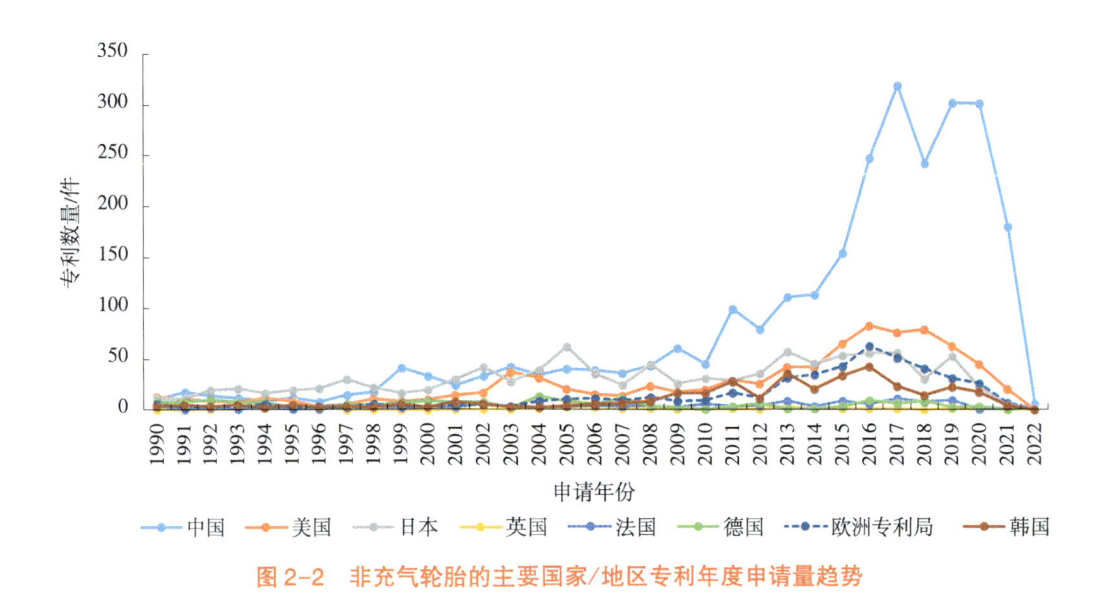

图 2-2 非充气轮胎的主要国家/地区专利年度申请量趋势

2.2.2 专利地域分析

为了研究非充气轮胎相关专利的区域分布情况，我们对采集到的该领域的专利数据按申请所在国家、地区或组织进行了统计，在 incoPat 中检索到的非充气轮胎的全球专利申请主要涉及 51 个国家和地区。

图 2-3 为主要国家或地区的申请量排名情况，图 2-4 为各国家和地区在非充气轮胎领域的占比情况，反映了技术的主要流向，可进一步帮助判断全球主要国家和地区对该市场的重视程度。

由图 2-3、图 2-4 可知，中国在该领域的专利申请量位列第一，其专利申请量为 2755 件，占总量的 23.23%；其次是美国申请人申请量为 2225 件，占比为 18.76%；日本申请人申请量为 1235 件，占比为 10.41%；英国申请人申请量为 1186 件，占比为 10.00%；法国申请人申请量为 812 件，占比为 6.85%。由此可以看出，中国在非充气轮胎领域的研发投入较大，申请量仍呈不断上升趋势，具有一定的潜力及发展前景。另外，主要发达国家的非充气轮胎专利申请量仍占一定的优势，保持技术的领先性。

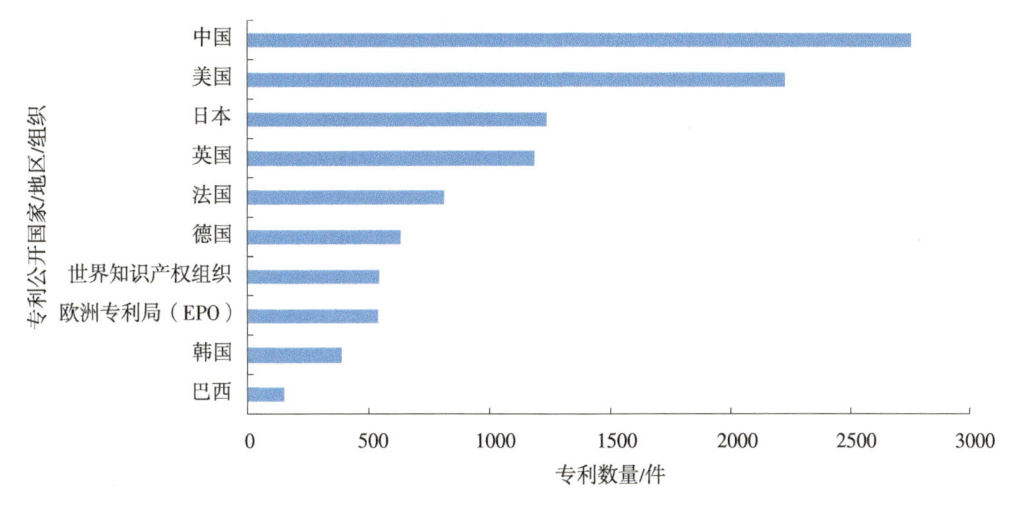

图 2-3 非充气轮胎技术全球区域申请量排名

图 2-4 非充气轮胎技术各国家和地区（机构）的占比情况

2.2.3 全球主要专利申请人

图 2-5 是应用在非充气轮胎技术专利申请量前十位的申请人统计图。由图可知，排名前十位申请人中没有中国申请人，他们分别来自日本（4家）、美国（2家）、德国（2家）、法国（1家）、韩国（1家）。其中，株式会社普利司通的专利申请量位列第一，且是第三位的两倍多，处于遥遥领先的地位；米其林和住友橡胶的专利申请量相近，属于第二梯队。由此可知，目前非充气轮胎技术起源于发达国家，现处于领先地位的仍是发达国家，中国的专利申请量虽然后来居上，作为专利申请量第一大国，但仍未有某品牌或某研发机构能够脱颖而出，与世界多个知名品牌较量。

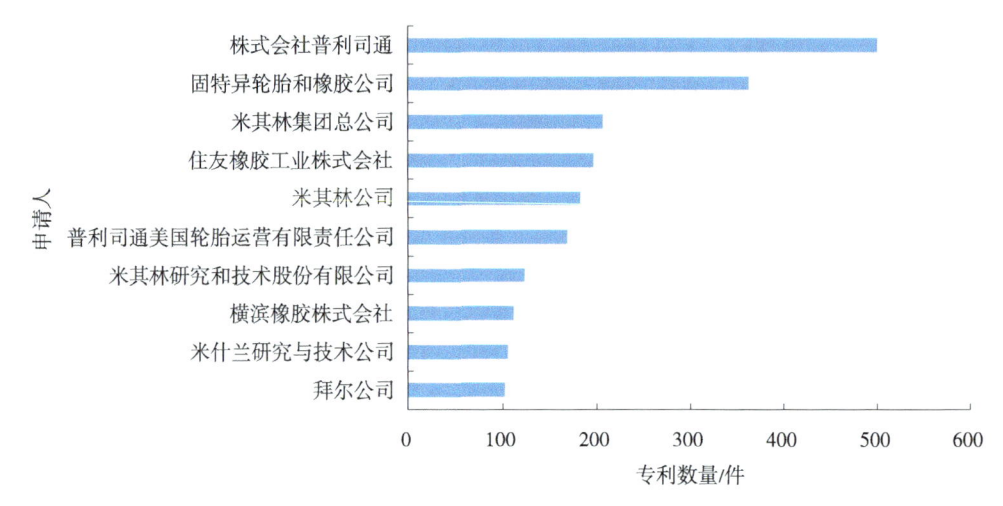

图 2-5 非充气轮胎技术专利主要申请人

2.2.4 生命周期

图 2-6 是非充气轮胎技术生命周期，自 19 世纪开始，非充气轮胎技术已开始被人们关注，但相关专利申请量一直在 100 件以下，由于材料的局限性，该技术的关注度不高，瓶颈也较大。20 世纪以来，随着高分子材料的迅猛发展，聚氨酯（PU）弹性材料、热塑性树脂材料逐渐受到各大轮胎公司的密切关注，成为非充气轮胎主要首选材料。国内外对非充气轮胎的技术研发掀起了热潮。2001—2010 年，申请量有了第一波的攀升；2010 年至今，申请量处于第二波攀升期，增长速度比第一波更快。根据趋势线分析，非充气轮胎技术现仍处于快速成长期，接下来或将维持一段时间的波动发展，逐步走向技术成熟期。

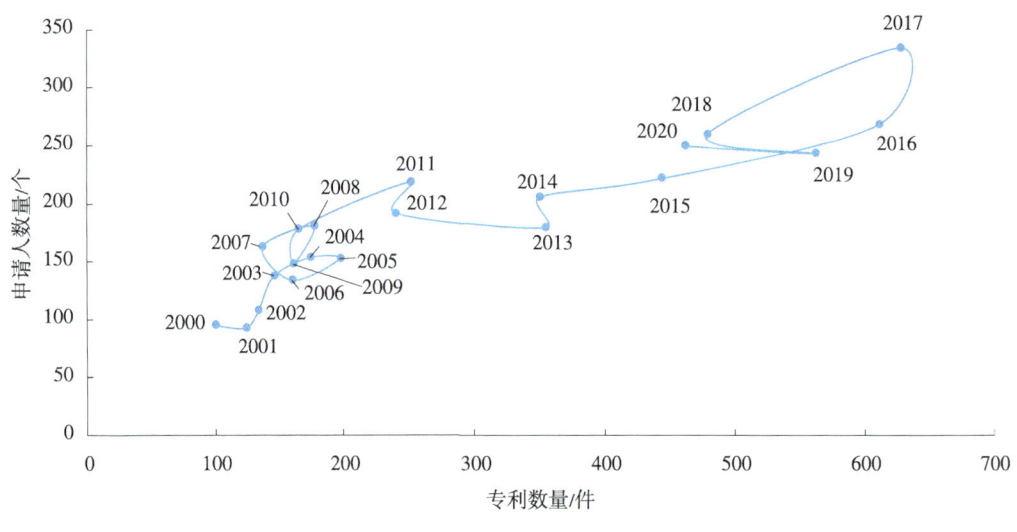

图 2-6 非充气轮胎技术生命周期

2.3 中国专利申请状况分析

2.3.1 国内专利申请总体分析

从图 2-7 中可以看出，非充气轮胎技术的中国专利申请量在 2010 年之前，整体申请量非常少；从 2011 年起申请量呈现出持续、快速的增长趋势；2017 年达到较高水平后，至今呈现震荡趋势，体现了国内正处于非充气轮胎技术研发高潮阶段。

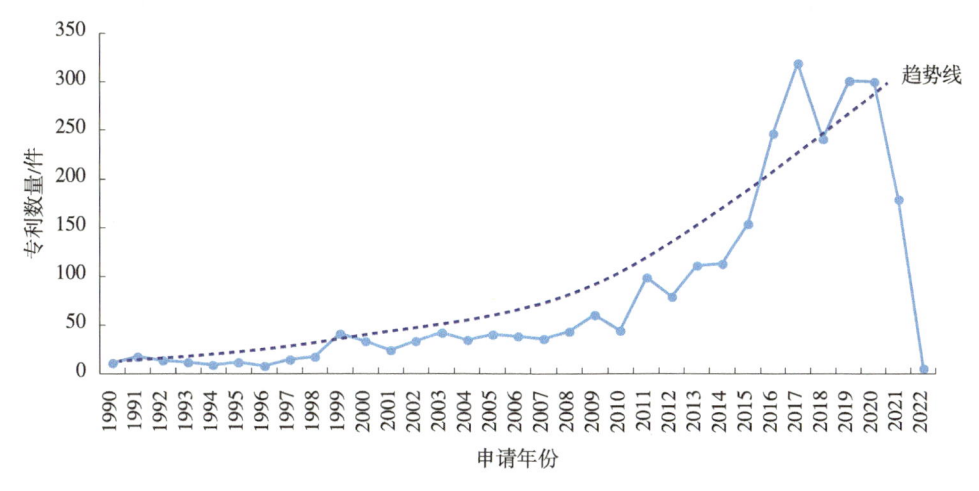

图 2-7 非充气轮胎技术国内专利年度申请量趋势

通过统计发现，自 1985 年至 2022 年 11 月，国家知识产权局专利局受理的关于非充气轮胎技术相关专利共 2903 件。国内相关法律状态统计结果见表 2-2。

表 2-2 专利状态统计

审中/件	有效/件	失效及未授权结案/件
356	1136	1411

注：审中，表示已提交申请，处于审批程序，尚未获得授权；有效，表示受法律保护的授权专利；失效，表示因专利保护期届满或由于其他原因（如未缴年费、主动放弃等）导致专利权终止；未授权结案，表示未通过专利审查，不授予专利权的专利申请，如驳回、撤回、视为撤回等。

由表 2-2 可知，该领域的有效专利和审中专利占专利申请总量的 51.4%，这主要是因为非充气轮胎技术的研究早在 19 世纪就已出现，但早期的非充气轮胎主要是实心轮胎，广泛应用于重工业领域，早些年也有一些专利申请，但至今也已到期失效。近年来，随着高分子材料的迅猛发展，国内外对非充气轮胎的研究掀起了热潮，旨在解决传统实心轮胎的弊端。相较于国外，国内的非充气轮胎研发起步较晚，虽专利申请量在逐步攀升，但总体专利有效量和处于审中的专利申请量所占比重仍不算高。

2.3.2 国内专利申请比较

在国内 2903 件专利申请中，发明专利 1224 件，实用新型专利申请 1679 件，其中在 1224 件中国发明专利申请中，国内申请人专利申请 852 件，在 1679 件中国实用新型专利申请中，国内申请人专利申请 1672 件，参见表 2-3。

表 2-3 各类型专利申请量

发明创造类型	数量/件	国内申请人申请量/件
发明	1224	852
实用新型	1679	1672

由于非充气轮胎技术在国内虽起步较晚，但近年来专利申请量呈现快速增加趋势，发明的国内申请人占比已达到 70%，国外申请人在国内也有一定的布局。实用新型的专利申请占比更是接近百分之百，一方面是国内外的专利制度的差异，从另一个侧面，也可看出我国近年来的相关申请量虽增长迅速，但更多是小改进小创造，具有明显实质性的创造相比偏少，发明的专利申请量少于实用新型的专利申请量。因此，我国科研机构、企业需提升非充气轮胎技术的研发水平，争取有更多新的突破，并迅速进行专利布局。

如图 2-8 所示，在中国的申请中，国外申请人占比为 13%，主要为日本、美国和法国申请人。另外，图 2-9 是非充气轮胎技术国内专利申请量排名前十五位的申请人，国外申请人占了六位，将近一半，其中米其林、普利司通在中国的专利申请量位居第一、第二。国内公司在进行产品研发和上市的情形下，要注意规避这些国外公司的专利，以避免专利侵权。

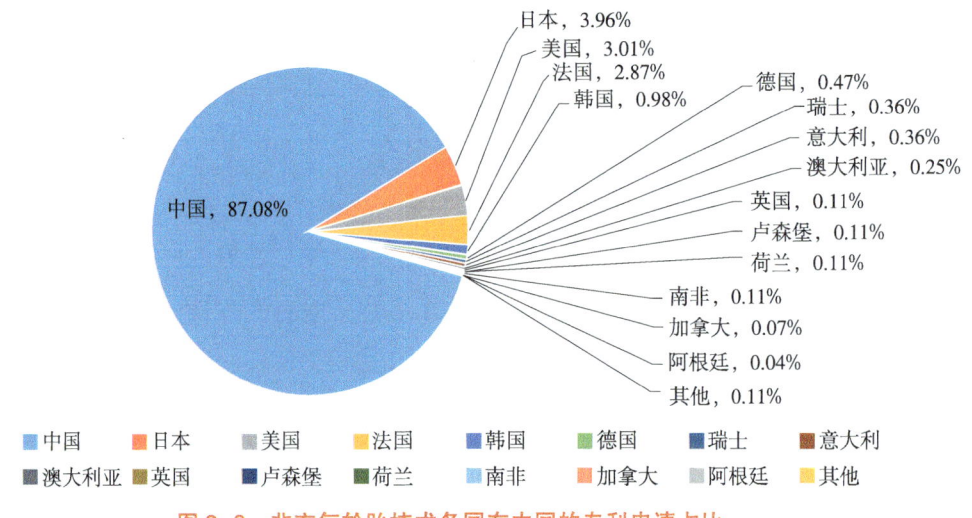

图 2-8 非充气轮胎技术各国在中国的专利申请占比

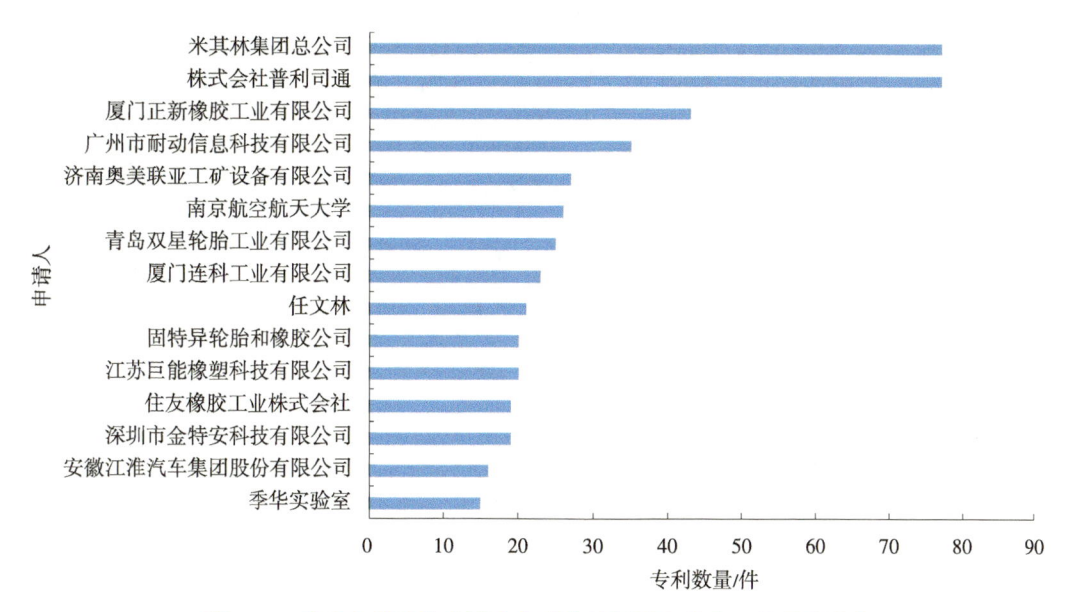

图 2-9　非充气轮胎技术国内专利申请量排名前十五位的申请人

国内的申请人中，厦门正新和广州耐动位列第三、第四，南京航空航天大学作为高校申请人位列第六，也是国内较早一批研发非充气轮胎技术的团队之一。值得关注的是，季华实验室作为广东省首批实验室，虽成立不久，但非充气轮胎技术的专利申请量已跃升至全国第十五位。

2.3.3　国内非充气轮胎技术专利申请区域分布分析

从图 2-10 可以看出，我国专利申请主要分布在经济发达地区。这主要是因为经济发达地区产业规模大，人才资源和技术创新动力充足，企业知识产权保护意识强。相反，经济欠发达地区的企业申请量较小，原因是技术分散，专利保护意识淡薄，从而很难形成从技术体系、专利技术划分到专利权维护的战略体系。

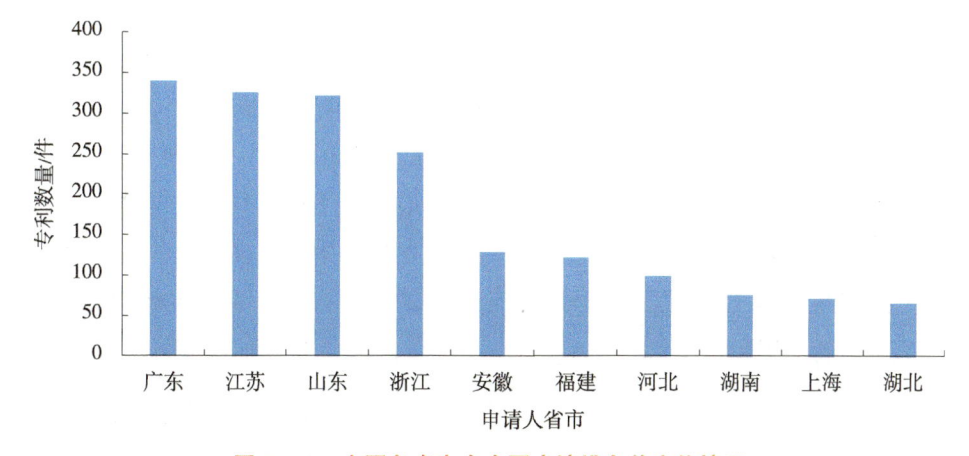

图 2-10　中国各省市在中国申请排名前十位情况

第 3 章　国内外重点企业专利布局分析

3.1　米其林公司非充气轮胎全球专利布局

米其林公司创建于 1889 年，总部位于法国克莱蒙费朗。在 100 多年的时间中米其林公司经历持续不断的创新和发展，现拥有世界五大洲的业务及位于欧洲、北美洲和亚洲的研发中心。公司针对用户需求，设计、制造并销售适合的轮胎产品，提供服务及解决方案；开发具有高新技术的材料，推动交通运输行业的发展。1989 年，米其林亚洲（香港）有限公司在北京成立代表处；2001 年，米其林（中国）投资有限公司在上海成立。

3.1.1　米其林公司专利申请趋势分析

截至 2022 年 12 月，检索并经人工去噪后得到米其林公司非充气轮胎相关专利 914 件；简单同族合并后共得到 356 个专利族。以下分析在仅合并申请号后的专利文献基础上进行。

图 3-1 为米其林公司的专利申请趋势，从图中可知，米其林公司非充气轮胎开始时间较早，在 20 世纪 60 年代初期就开始了非充气轮胎的专利申请，1962—1984 年属于该公司非充气轮胎专利申请的萌芽期，只有少量的专利布局，关注度不高。这一时期的专利主要集中在轮胎结构和材料方面。1962 年，米其林公司申请了专利 FR1322887A，其发明名称为 "Perfectionnements aux pneumatiques pour roues de véhicules"，该专利公开了在轮胎的轮辋底座上，在没有气室的外壳内设置由弹性材料制成的圆环，该圆环含有一种处于近细胞状态的气体，其体积通常大于包膜气塞内的体积，如果两个环面的充气压力都消失，则多孔弹性材料在包含隔室中的气体压力作用下膨胀，并完全填充外壳的内部，提供足够的支撑以允许车辆继续行驶。至此，米其林公司开始了对非充气轮胎的研究和探索。

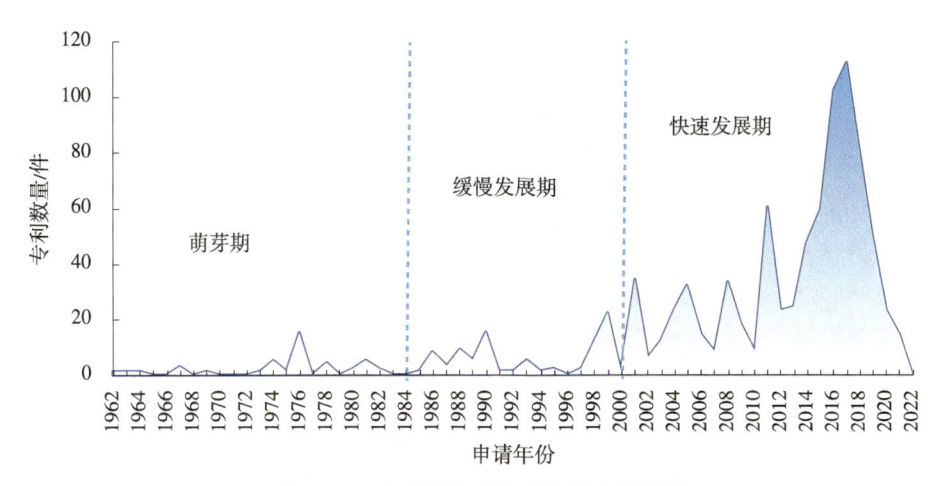

图 3-1 米其林公司专利申请态势分析

1985—2000 年，米其林公司进入非充气轮胎专利申请的缓慢发展期。在这一阶段，米其林公司先后在 1988 年和 1989 年申请了两项基础专利 US4832098A 和 US4945962A，上述两件基础专利被普利司通、卡摩速等轮胎企业以及 iRobot Corp、三星等其他领域的企业大量引用。米其林公司在这一阶段布局的非充气轮胎专利为较晚进入产业的竞争者设置了一定的进入壁垒，为自身在将来的产业竞争中获得了主动权。

2001 年至今，米其林公司非充气轮胎技术进入快速发展时期。米其林公司在 2010—2018 年布局了大量的专利，进而可以判断米林公司在经过几十年的研究探索后，其拥有了相对成熟的技术或有相应的产品产出。其中，2017 年米其林公司迎来了非充气轮胎专利技术成果丰收的一年，该年专利申请量高达 112 件，其中发明专利 110 件，实用新型和外观专利各 1 件。另外，随着非充气轮胎技术的应用和产业化，米其林公司对非充气轮胎的相关专利布局也日益全面，涉及非充气轮胎的结构、材料、制作工艺，以及非充气轮胎的制造、检测设备、智能测控等相关方面。

3.1.2 米其林公司专利申请类型和专利状态分析

图 3-2 显示了米其林公司专利布局类型以及专利法律效力情况。从该图可知，米其林公司具有较强的技术研发实力，其布局的非充气轮胎领域相关专利申请中发明专利 907 件，占比高达 99%，实用新型专利申请 5 件，外观设计专利申请 2 件。其中，发明专利申请中有 280 件处于有效状态，506 件处于无效状态，还有 121 件发明专利申请处于审中阶段；5 件实用新型专利中有 4 件处于有效状态，1 件处于无效状态；2 件外观设计均处于有效状态。米其林公司上述 286 件有效专利申请是目前保护米其林非充气轮胎技术成果、保证企业自身顺利生产和销售的利器。

专利类型

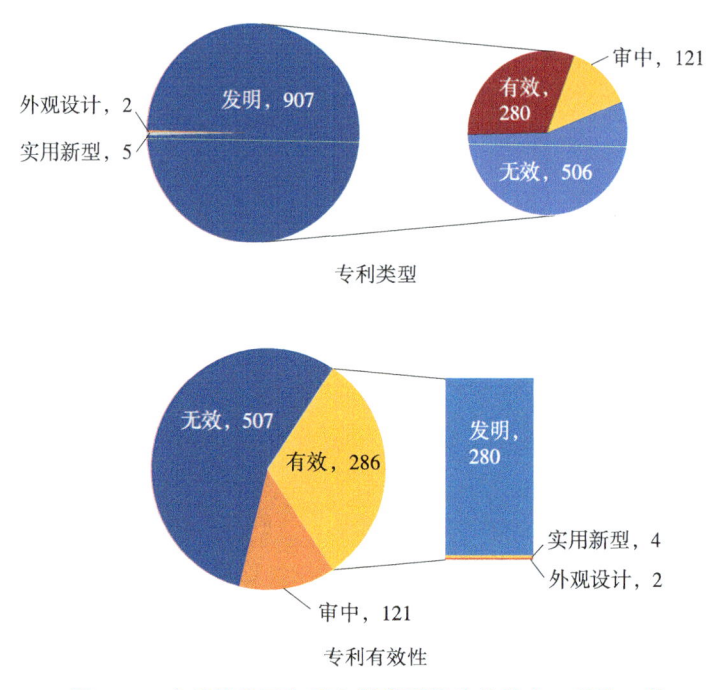

专利有效性

图3-2 米其林公司专利布局类型及法律状态（单位：件）

3.1.3 米其林公司全球专利的"时间—空间"布局

布局海外专利意味着专利技术产品可能涉及海外市场，海外专利布局从空间上扩大了专利保护的地域范围，在专利的应用和实施中能够获得更大的市场效益。因此，基于专利布局的技术和市场双重性以及新产品的创新性和边际效益递增效应，米其林公司极度重视国际市场的专利布局。

由图3-3可知，米其林公司的海外专利布局非常完善，涉及世界各大洲的多个国家，美国、欧洲、中国、日本、韩国是米其林公司的重要海外专利目标布局对象。另外，从图3-3可知，米其林公司非常善用PCT国际专利申请渠道，其非充气轮胎领域的PCT国际专利申请高达188件，这些专利申请随后根据PCT规则进入了美国、中国、欧洲、日本、韩国、巴西、加拿大、德国等国家或地区。米其林公司海外专利布局的目的性明显，就是通过海外布局非充气轮胎专利阻止或限制其他公司的非充气轮胎产品进入相关国际市场，为其自身的非充气轮胎产品占领海外市场奠定基础和扫除障碍。

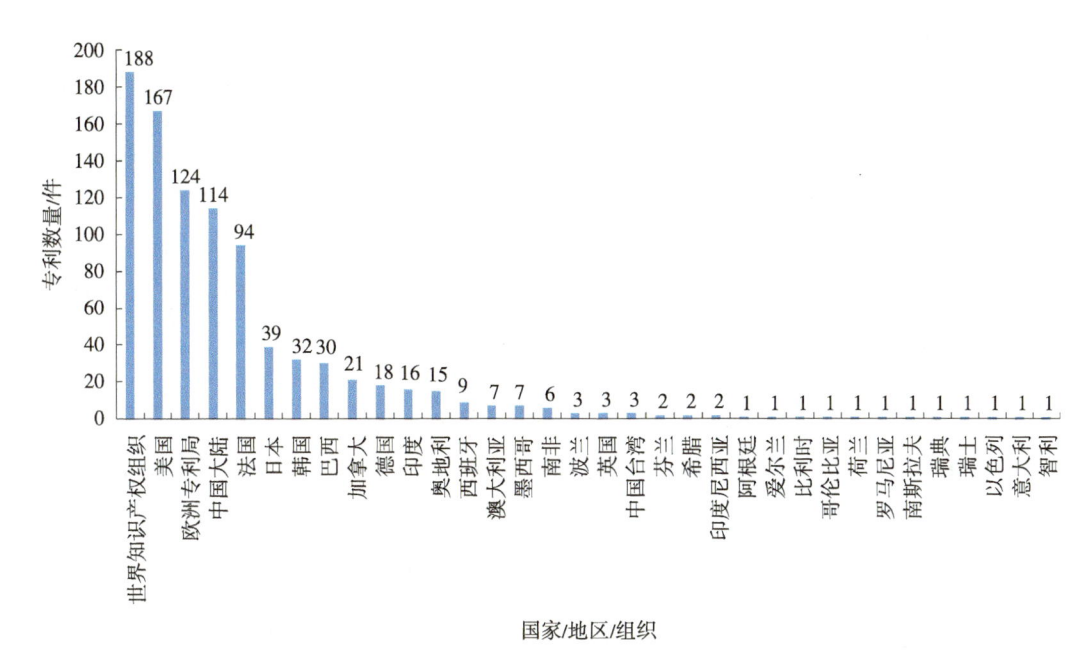

图3-3 米其林公司非充气轮胎专利申请全球布局排名

图3-4展示了米其林公司非充气轮胎技术在不同时间、不同国家或地区的专利布局情况。由于米其林公司起源于法国，所以早期（1991年以前）其专利布局主要集中在欧洲各国以及美国、日本，其中美国、德国、日本三个目标国是米其林公司产品最早渗透的海外市场。而随着中国汽车产业的发展和轮胎市场的扩大，米其林公司在东亚地区布局的重点，逐渐由日本和韩国向中国转移。2001—2010年，米其林公司在中国布局了21件非充气轮胎相关专利申请，迅速建立起在中国市场竞争的优势。

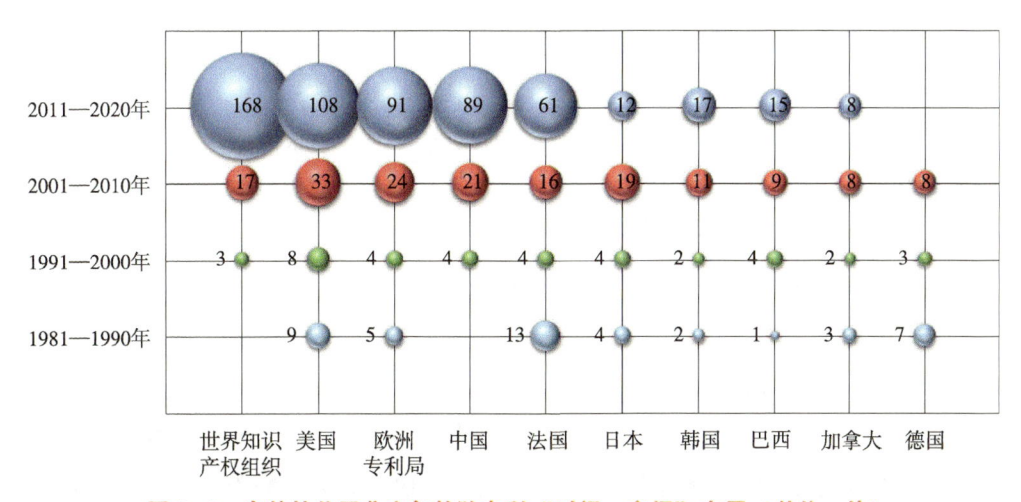

图3-4 米其林公司非充气轮胎专利"时间—空间"布局（单位：件）

2011—2020年，米其林非充气轮胎技术处于快速发展期，米其林公司除在本国布局了大量专利外，在美国、欧洲、中国也布局了大量海外专利。从米其林公司在不同发展阶段、不同地域市场的专利布局来看，米其林在美国市场的布局密度超过中国市场。

3.1.4 米其林公司全球专利技术布局

非充气轮胎产业技术主要分为 NPT 结构、NPT 材料、NPT 制造工艺、NPT 制造设备、NPT 性能检测和 NPT 智能车装等方面。米其林公司经过多年的发展，非充气轮胎技术逐渐完善，其全球专利技术分布如图 3-5 所示。

■ NPT结构　■ NPT材料　■ NPT制造工艺　■ NPT制造设备　■ NPT性能检测　■ NPT智能车装

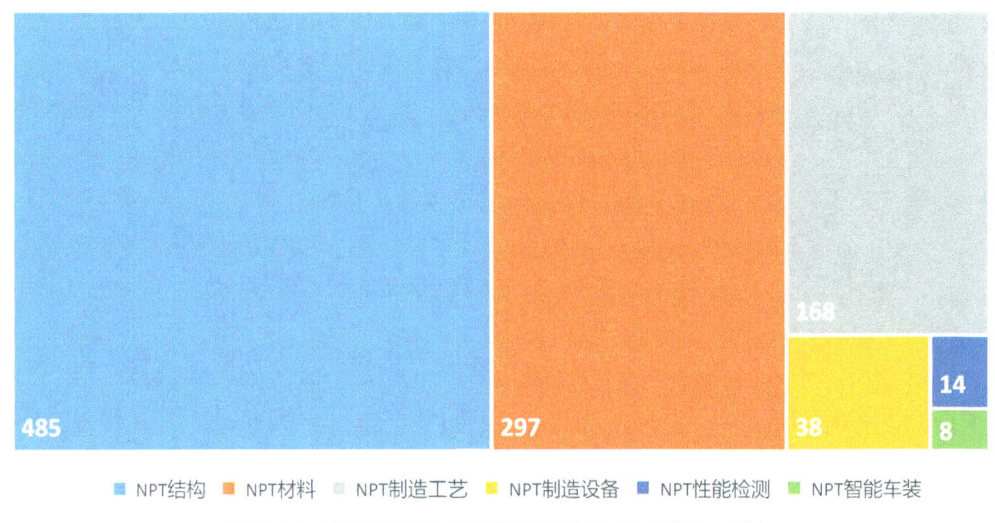

图 3-5　米其林公司全球专利技术分布（单位：件）

从图 3-5 中可以看出，米其林非充气轮胎全球专利技术主要集中在 NPT 结构、NPT 材料和 NPT 制造工艺三大模块。NPT 结构专利数量最多，共 485 件，以轮胎整体结构设计为主，具体涉及 NPT 支撑体、NPT 环形带、NPT 剪切带、NPT 胎面、NPT 轮辐、轮辋和轮毂的结构设计，另外还涉及支撑体和轮辐、轮毂装配连接的轮胎装配连接专利（121 件）及 NPT 性能优化的专利（27 件），其中 NPT 性能优化专利主要涉及谐振抑制（2 件）和静电放电（7 件）。这些在 NPT 结构设计上衍生的降低 NPT 谐振噪声、实现 NPT 静电放电功能等细分技术方向上的专利布局满足了技术纵深发展的需求。

NPT 材料包括 NPT 支撑体、NPT 环形带、NPT 剪切带、NPT 胎面等各组件的材料，以及将各组件进行黏合的黏合剂材料专利。

NPT 制造工艺包括 NPT 支撑体、NPT 环形带、NPT 剪切带、NPT 胎面等各组件的成型工艺、NPT 零部件的连接工艺以及加工模具的研究设计。另外，随着增材制造技术的兴起，米其林公司将 NPT 制造工艺和增材制造 3D 打印技术结合，布局了 NPT 新制造工艺技术专利。

除了 NPT 结构、NPT 材料、NPT 制造工艺三大模块以外，NPT 制造设备、NPT 性能检测和 NPT 智能车装的专利数量也占据一定的比例，其中 NPT 智能车装主要涉及能量回收和转换技术。由此可见，米其林公司在非充气轮胎领域的专利技术布局触角很广，涵盖了非充气轮胎的各个方面，形成了对非充气轮胎技术横向多方位保护的态势。

3.1.5 米其林公司非充气轮胎领域重要专利

米其林公司非充气轮胎领域重要专利如图 3-6 所示。

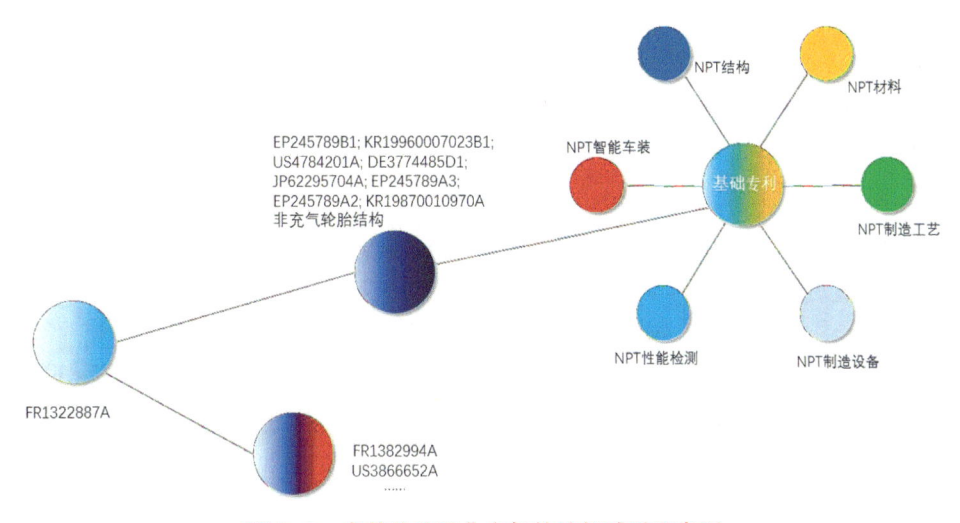

图 3-6 米其林公司非充气轮胎领域重要专利

（1）米其林公司对非充气轮胎的研究建立在充气轮胎基础上，早期米其林公司对充气轮胎的改进在于将流动的或弹性填充材料设置在充气轮胎内，在充气轮胎内的压力消失（异常）时，轮胎内的弹性材料膨胀或填充轮胎，以保证车辆继续行驶。上述技术最早体现在 1962 年的专利 FR1322887A 中，该技术的专利包（同族专利未示出）信息见表 3-1。

表 3-1 米其林公司相关专利信息（一）

公开（公告）号	申请日	专利类型	被引证次数
FR1322887A	1962/2/16	发明	5
FR1382994A	1963/10/3	发明	17
US3866652A	1974/5/3	发明	52
US4003419A	1974/12/23	发明	24
US4027712A	1975/6/6	发明	32
IE42397L	1976/1/14	发明	0

续表

公开（公告）号	申请日	专利类型	被引证次数
BE867316A	1978/5/22	发明	0
AT48975T	1986/12/11	发明	0
FR2657819A1	1990/2/2	发明	1
FR2699863A1	1992/12/31	发明	0
FR2723036A1	1994/7/29	发明	1
WO2012140121A1	2012/4/12	发明	3

（2）1986年，米其林公司布局了未来非充气轮胎雏形的基础专利US4784201A，其简要内容和同族情况见表3-2。该专利限定了一种可绕轴线旋转的非充气轮胎的环状结构，并限定了一种降低可绕轴线旋转的非充气轮胎噪声和振动的方法。由表可知，米其林公司对于这类基础专利的关注程度非常高，在其重要的海外市场目标国家/地区中，如美国、欧洲、日本、韩国、德国均进行了专利布局。

表3-2 米其林公司相关专利信息（二）

公开号	申请日	发明名称	摘要（中文翻译）	专利类型	被引证次数	简单同族
US4784201A	1986/5/13	Non-pneumatic tire with vibration reducing features	一种非充气轮胎，其有弹性体材料的环形主体和由周向间隔开的肋支撑的外圆筒形构件，该轮胎具有四个减振特征。第一，轮胎具有胎冠半径的外胎面。第二，胎面具有多个周向凹槽和侧向凹槽的图案，所述多个周向凹槽和侧向凹槽布置成减小由轮胎的肋条承载的径向力引起的不均匀接触压力。第三，肋条的间距在轮胎的圆周上随机变化，以加宽肋条引起的振动频谱，并减小峰值振动。第四，支撑环形体的轮辋设置有结构上结合的箍，以减少轮胎操作期间轮辋的偏转	发明	18	US4784201A；DE3774485D1；JP62295704A；EP245789A2；EP245789A3；EP245789B1；KR19870010970A；KR19960007023B1

1987—2000 年，米其林公司布局了大量关于非充气轮胎的基础专利，这些专利的技术方案主要集中在非充气轮胎整体结构设计和材料的改进上，上述基础专利被全球其他轮胎公司或其他相关产业公司大量引用，具体专利信息见表 3-3。其中，US4832098A、US4945962A、US4921029A 均为经过多次专利权转让后，所有权才由米其林公司所持有。上述情况也表明了米其林公司在专利布局上的相关策略，即通过专利购买受让等手段来完善自身的专利布局。

表 3-3 米其林公司相关专利信息（三）

公开（公告）号	标题（中文翻译）	申请日	专利类型	被引证次数	转让次数
US4832098A	具有支撑和缓冲构件非充气轮胎	1988/5/4	发明	255	7
US4945962A	单面单腹板蜂窝非充气轮胎	1989/6/9	发明	159	7
US4921029A	具有支撑和缓冲构件梯形非充气轮胎	1989/5/22	发明	149	7
US5042544A	一种可变形的非充气轮胎，其凹槽在轮胎的整个轴向宽度上横向延伸	1990/9/14	发明	123	1
US6170544B1	非充气可变形车轮	1998/11/25	发明	106	1
US5460213A	多胎非充气轮胎及其制造方法	1993/11/29	发明	70	3
US6640859B1	无充气弹性轮胎	1999/12/17	发明	59	1
WO0037269A1	柔性轮胎可被用作非充气轮胎	1999/12/20	发明	40	0
US5676900A	用于制造多个非充气轮胎的方法	1995/5/23	发明	37	0
WO0142033A1	在结构上支承的弹性轮胎	1999/12/10	发明	20	0
US4867217A	非充气弹性轮胎	1988/7/28	发明	18	1
JP03208702A	非充气可成形的轮胎	1990/9/27	发明	13	0

另外，由图 3-5 可知，非充气轮胎结构和材料技术是米其林公司最重要的专利布局点，米其林公司在这些核心技术上形成既有重点基础专利保质，又有辅助专利保量的布局态势，对核心技术进行全方位的保护。

（3）米其林公司在解决非充气轮胎领域共性问题上也作了相应专利技术布局，上述专利布局围绕共同技术问题，从不同角度对技术进行保护，提高了对解决核心问题的核心技术方案的保护力度。以下就米其林公司针对解决非充气轮胎领域共性问题的重点专利进行介绍。

①针对非充气轮胎在高速行驶时，轮胎产生共振问题的重点专利见表 3-4。

表 3-4 米其林公司相关专利信息（四）

公开号	申请日	发明名称	摘要（中文翻译）	专利类型	被引证次数	简单同族
US20120067481A1	2010/9/16	PASSIVE TUNED VIBRATION ABSORBER	被动调谐减振器用于衰减非充气轮胎和车轮组件的辐条中的不需要的振动。每个辐条具有一个具有调谐减振器的切口中心部分，该调谐减振器呈具有轴向宽度和径向高度的突出部件的形式，并且突出部件的径向高度小于辐条的径向高度。此外，还包括一种确定非充气轮胎和车轮组件的辐条的振动特性的方法	发明	35	WO2012036687A1；US8646497B2

②针对非充气轮胎车辆停止移动后，车辆会在一定时间内保持静电荷问题的重点专利见表 3-5。

表 3-5 米其林公司相关专利信息（五）

公开（公告）号	标题（中文翻译）	摘要（中文翻译）	申请日	专利类型	被引证次数	简单同族
WO2017086993A1	静电放电元件用于非充气轮胎	非充气轮胎，其具有带中心轴线的轮毂。支撑结构在径向方向上从所述轮毂向外定位，且剪切带在所述径向方向上从所述支撑结构向外定位。胎面在所述径向方向上从所述剪切带向外定位。静电放电元件从所述支撑结构的第一径向末端延伸到所述支撑结构的第二径向末端。所述第一径向末端在所述径向方向上比所述第二径向末端更接近所述中心轴线定位。所述静电放电元件是导电的，以使电传导通过所述支撑结构	2015/11/20	发明	16	CN108290442A；WO2017087853A1；CN108290442B；CN113733818A；EP3377330A1；EP3377330B1；WO2017086993A1

续表

公开（公告）号	标题（中文翻译）	摘要（中文翻译）	申请日	专利类型	被引证次数	简单同族
US20180333984A1	用于非充气轮胎静电放电元件	提供了一种非充气轮胎，其包括具有中心轴线的轮毂。支撑结构沿径向从轮毂向外定位，剪切带沿径向从支撑结构向外定位。胎面位于径向剪切带的外侧。静电放电元件从支撑结构的第一径向端延伸到支撑结构的第二径向端。第一径向端在径向上位于比第二径向端更靠近中心轴线的位置。静电放电元件导电以通过支撑结构导电	2016/11/18	发明	2	US10926581B2；US20210268834A1；US20180333984A1
WO2019005821A1	挡边非充气车轮	一种非充气轮，它具有一个或多个特征的支撑结构之间沿径向位于护边轮毂和环形剪切带。较软的材料的支撑结构沿着一定的边缘设置用于抵抗附带损伤的影响。也可以设置一个或多个导电特征，以减少或防止电荷积累在车用非充气轮上	2018/6/26	发明	3	WO2019005125A1；EP3645314A1；EP3645314B1；CN110831782A；WO2019005821A1；CN110831782B
US20200198413A1	非充气车轮的护边装置	一种非气动车轮，具有一个或多个用于保护径向位于轮毂和环形剪切带之间的支撑结构的边缘的特征。沿着支撑结构的某些边缘提供较软的材料，用于提供抵抗来自偶然冲击的损坏。还可以提供一个或多个导电特征，以减少或防止使用非气动车轮的车辆上电荷的累积	2018/6/26	发明	0	US20200198413A1；US11390124B2

（4）2019年，米其林公司与通用汽车公司合作推出 Uptis 非充气轮胎，如图 3-7 所示。

图 3-7 米其林 Uptis 非充气轮胎

这款轮胎采用玻璃纤维填充的高强度树脂材料，米其林的目标是到 2024 年将 Uptis 推向市场。Uptis 非充气轮胎在结构和复合材料方面实现了突破性创新，这些技术在米其林公司的专利布局中均有体现，关于玻璃纤维填充高强度树脂材料部分专利信息见表 3-6。

表 3-6　米其林公司相关专利信息（六）

公开（公告）号	标题（中文翻译）	申请日	简单同族
FR3103490A1	包含官能化聚丁二烯的橡胶组合物	2019/11/21	EP4061645A1；WO2021099717A1；CA3150684A1；FR3103490B1；FR3103490A1
FR3089216A1	基于玻璃—树脂复合材料的多复合材料	2019/2/5	FR3089218A3；FR3089216B1；FR3089216A1
FR3089219A1	基于玻璃—树脂复合材料的多复合材料	2019/2/5	FR3089217A3；FR3089219A1；FR3089219B1
WO2018102303A1	剪切带具有超低滞后性的橡胶	2017/11/28	EP3577166A1；WO2018102303A1；EP3577166B1；CN110177835A；EP3548555A1；EP3548555B1；WO2018102560A1；WO2018101937A1；CN110177834A；CN110177835B；CN110177834B
US20190322137A1	具有超低滞后橡胶的剪切带	2017/11/30	US20190322137A1；US11420474B2
FR3056442A1	叠层与硅酮胶和树脂—纤维复合材料	2016/9/27	US20190224950A1；US11298920B2；FR3056442A1；CN109789668B；WO2018060577A1；CN109789668A；EP3519182A1；EP3519182B1

续表

公开（公告）号	标题（中文翻译）	申请日	简单同族
CN109789732A	非充气弹性车轮	2017/9/25	CN109789732A；CN109789732B；FR3056444A1；WO2018060578A1；EP3519206B1；US11267287B2；EP3519206A1；US20190217665A1
JP6498731B2	带剪切带的交错钢筋	2017/8/2	JP2018027775A；JP6498731B2
WO2017112130A1	加强结构的非充气车轮	2016/11/15	WO2017112130A1；JP2019505430A；IN201817023416A；CN109070509A；EP3393771B1；WO2017111944A1；EP3393771A1
US20190001749A1	加强结构的非充气车轮	2016/11/15	US11167593B2；US20190001749A1
WO2016116457A1	玻璃—树脂增强multicomposite具有改进的性能	2016/1/19	EP3247827B1；US20180009264A1；FR3031757B1；JP2018505938A；FR3031757A1；JP6728194B2；WO2016116457A1；EP3247827A1
WO2016189209A1	多复合加强件采用改良型玻璃树脂	2015/5/28	CN107709417A；KR1020180012760A；WO2016189209A1；KR102360510B1；BRPI1725585A2
WO2015165777A1	多复合平面钢筋	2015/4/21	JP6518266B2；US10259266B2；JP2017517429A；US20170050468A1；WO2015165777A1；EP3137317B1；CN106457908A；CN106457908B；EP3137317A1；FR3020369A1；FR3020369B1；KR1020160147767A；KR102349670B1
WO2015090973A1	多复合加强件的轮胎	2014/12/3	FR3015363A1；CN105829408A；KR102348477B1；FR3015363B1；CN105829408B；US20160318342A1；WO2015090973A1；EP3083775A1；JP6488309B2；KR1020160102182A；EP3083775B1；JP2017500457A
WO2015014578A1	改进的玻璃钢（玻璃纤维增强塑料）单丝	2014/7/8	FR3009225A1；FR3009225B1；WO2015014578A1；US11491820B2；US20160159152A1；KR1020160037920A；EP3027795B1；CN105408536B；CN105408536A；EP3027795A1；JP6412571B2；JP2016531176A；KR102128805B1

续表

公开（公告）号	标题（中文翻译）	申请日	简单同族
WO2013095499A1	剪切带与交错的钢筋	2011/12/22	EP2794292A1；BRPI1414710A2；EP2794292A4；CN103987534A；CN103987534B；WO2013095499A1；MX2014007431A；US10105989B2；US20140326374A1；RU2014130090A；KR1020140100528A；JP2015506300A；CA2858370A1；IN4555DELNP2014A；KR101607095B1；EP2794292B1

3.2 米其林公司非充气轮胎中国专利布局

由图3-8可知，米其林公司最早于1988年在中国香港设立办事处，2015年在上海成立轮胎研发中心，至此形成了研发—生产—工程—应用—服务的全产业链，可见米其林公司作为世界轮胎产业的巨头，对中国市场非常重视。

图3-8 米其林公司在中国的发展历程

3.2.1 在华布局趋势及专利类型

截至检索日期，米其林公司在中国的专利申请共有114件。图3-9列出了米其林公司中国专利申请年度趋势和专利申请类型，从图中可以看出，在2000年以前，米其林公司在中国仅有零星专利布局，由于中国非充气轮胎市场尚未形成，其专利申请也较少进入中国。2000年以后，中国制造业飞速发展，汽车/轮胎产业链不断完善，市场也逐步形成扩大，上海米其林回力轮胎股份有限公司、米其林（中国）投资有限公司等相继成立。相应地，其专利布局也在2000年后迅速发展，并且在2011—2018年达到顶峰，目前已形成与欧美专利布局数量并驾齐驱之势，成为米其林公司最为重要的目标市场之一。

另外，米其林公司在中国布局的专利类型中，仅有一件在2018年申请的外观设计专利（CN304860965S），其余全部为发明专利，凸显了其公司的技术属性。

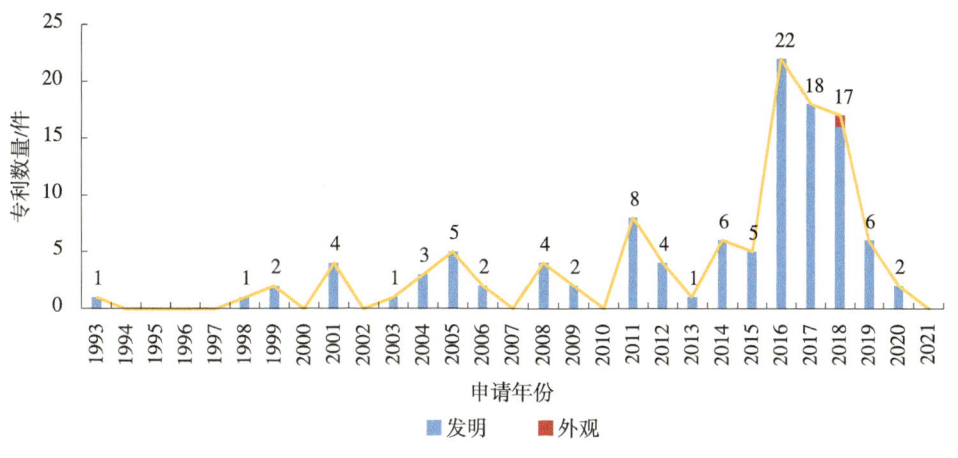

图 3-9 米其林公司在中国的专利申请趋势及类型

3.2.2 专利类型及专利法律状态

图 3-10 示出米其林公司在中国申请的专利有效性和当前法律状态。其中，未缴年费失效的专利基本都是在专利权即将终止到期的前一两年，米其林公司就停止缴费，然后专利权终止，可以认为上述案件也是米其林公司针对专利权即将终止的专利的缴费策略，属于权利终止的情形。撤回、放弃和驳回的专利仅占全部的 13%，所占比例较低；专利有效性很高，目前没有被全部无效的案件情况。有效专利 60 件，约占申请总量的 53%，其有效专利的数量和占比体现了米其林公司在非充气轮胎领域的强劲研发实力。

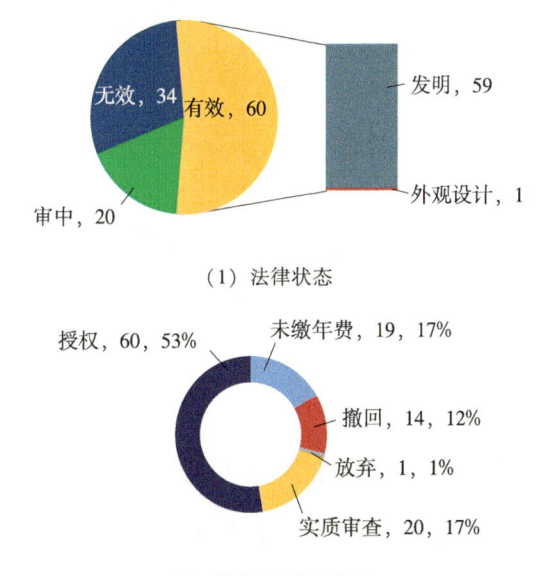

（1）法律状态

（2）当前法律状态类型

图 3-10 米其林公司在中国的专利申请法律状态（单位：件）

3.2.3 米其林非充气轮胎中国申请的技术构成

图 3-11、图 3-12 分别示出了米其林公司在中国申请的技术构成及分布趋势，从图中可以看出，其与全球申请技术构成基本类似，米其林非充气轮胎中国专利技术也主要集中在 NPT 结构、NPT 材料和 NPT 制造工艺三大模块。另外，由于 NPT 性能检测、智能车装和传统轮胎存在很多相似性，技术门槛相对来说较低，也难形成核心技术，因此米其林公司在此方面的专利布局相对较少。因此，进入非充气轮胎较晚的国内企业也可从 NPT 性能检测和智能车装两方面寻求突破，打破外国龙头企业在国内的专利壁垒。

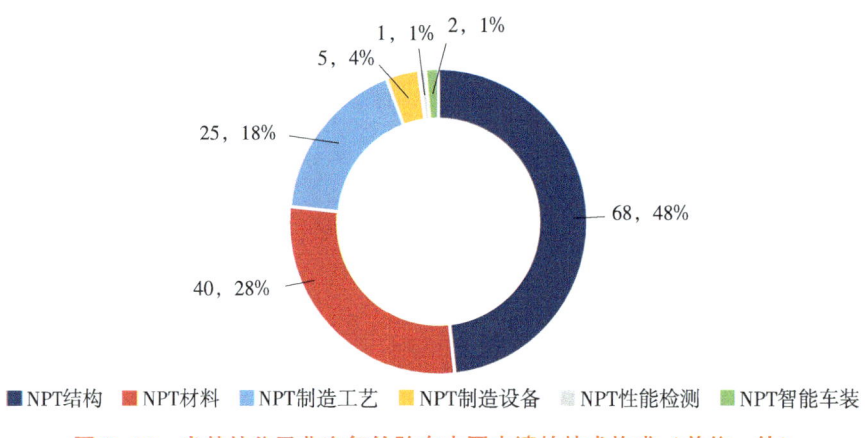

图 3-11 米其林公司非充气轮胎在中国申请的技术构成（单位：件）

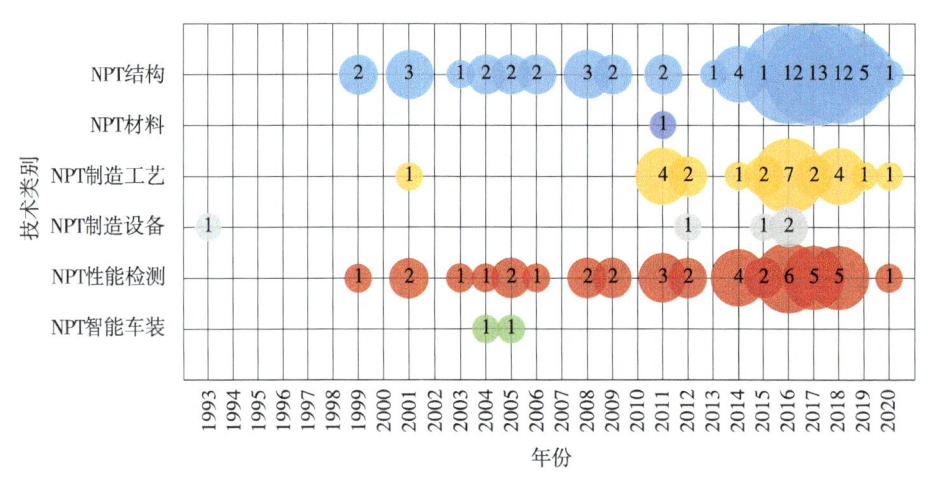

图 3-12 米其林公司非充气轮胎在中国申请的分布趋势

从上述米其林在中国的专利技术布局可以看出：
1. **布局 NPT 产品结构，关注方法/工艺**

非充气轮胎作为一项兼具材料的机械力学产品，其创新离不开产品结构方面的创新。因此，米其林公司在全球以及中国均布局了大量 NPT 结构的专利，从而最大限度防止竞争对手的抄袭侵权。米其林公司针对非充气轮胎整体结构、各关键部件结构的创新，如针对 NPT 整体结构的创新，针对 NPT 支撑体、NPT 环形带、NPT 剪切带、NPT 胎面、NPT 轮辋、轮辐、轮毂的结构设计创新等均申请了专利，进行了及时有效的专利布局，见表 3-7。

表 3-7　米其林公司在 NPT 产品结构方面的专利

部件结构	公开（公告）号	创新点	附图
整体结构	CN100486822C	柔性轮包括轮毂、柔性承重带和多个腹板轮辐，柔性承重带布置成径向向外并与轮毂同心，腹板轮辐在轮毂和柔性带之间延伸，其中柔性带包括嵌在柔性带内的加强膜或叠层。加强叠层包括嵌在弹性层内且沿圆周方向对齐的绳索。加强叠层在负载力下起作用来抑制柔性带的圆周长度，以便将张力更好地应用到腹板轮辐，增加了承重能力	
弹性支撑体	CN111511580A	弹性复合结构包括连续支撑膜，其形成径向内支撑支腿和径向外支撑支腿，所述径向外支撑支腿与所述径向内支撑支腿具有非零角度；中心加强件，其与所述径向内支撑支腿和所述径向外支撑支腿连接；径向内接头，其与所述径向内支撑支腿连接；径向外接头，其与径向外支撑支腿连接并且与环形带结合；所述径向内支撑支腿和径向外支撑支腿能够相对于彼此移动。其能在减小质量和滚动阻力的同时改进非充气轮胎承载载荷和增强乘客舒适性的能力	
剪切带	CN101687432B	该剪切带限定了轴向、径向和圆周方向，其包括沿着圆周方向延伸的外部构件、沿着圆周方向延伸的内部构件以及多个弹性圆柱形元件，所述多个弹性圆柱形元件与外部构件和内部构件连接并且每一个都沿着径向方向在构件之间延伸。构件之间的圆柱形元件的剪切使得剪切带能够变形，以提供与行驶表面更大的接触面积	

续表

部件结构	公开（公告）号	创新点	附图
胎面	CN111417526A	说明书明确定义了两种不同的切口密度 DLN 和 DLU；所述切口密度 DLN（μm/mm²）被定义为当所述胎面崭新时每个接触元件的顶面上的切口投影到与轮胎的旋转轴线平行并与所述顶面垂直的平面上的投影长度（μm）之和除以没有所述切口的情况下所述顶面的面积（mm²）；所述切口密度 DLU（μm/mm²）被定义为当所述胎面被磨损至预定剩余胎面深度时每个接触元件的磨损顶面上的切口投影到与轮胎的旋转轴线平行并与所述顶面垂直的平面上的投影长度（μm）之和除以没有所述切口的情况下所述磨损顶面的面积（mm²）	
轮辐	CN113260521A	非充气式轮胎包括多个轮辐段，单个轮辐被配置为允许将单个轮辐黏合到柔顺负载支撑带上而黏合层的厚度均匀，避免产生裂纹并加速轮辐与柔顺剪切带的分离	
轮毂	CN106414104A	非充气车轮的热塑性轮毂 10 包含用于附接到车轮轴承 20 的中心毂 26。中心毂 26 的形状通常是圆形。中心毂 26 具有自其轴向延伸穿过的中心轴杆孔隙 28，以及与中心轴杆孔隙 28 径向间隔开和围绕中心轴杆孔隙 28 沿圆周间隔开的多个凸耳孔隙 30。热塑性轮毂与非充气轮胎的常规轮毂相比较重量较轻	

在保护结构的同时，米其林公司也重视对方法/工艺的保护，其包括制造工艺和材料工艺。具体涉及 NPT 弹性复合材料、黏合剂等的复合工艺方法、NPT 支撑体/剪切带等部件成型工艺、NPT 零部件连接工艺等，其中制造工艺专利中多篇涉及有关模具优化设计加工的专利。米其林公司针对非充气轮胎方法/工艺的创新所申请的部分代表专利见表 3-8。

表 3-8 米其林公司在轮胎方法/工艺方面的专利

方法/工艺	公开（公告）号	创新点	附图
模具优化	CN107257740B	模具10包括含有第一组轴向定向芯体或指形件11的上部模具部分，所述芯体或指形件从模具的顶部向下突出并且轴向与下部模具部分接触而端接。制造过程中，模具围绕与模制物品的旋转轴共同的轴旋转。第一组芯体在多对辐条120或122之间形成第一组空隙12。模具10具有含有第二组轴向定向芯体或指形件13的下部部分，所述芯体或指形件从下部模具部分的底部向上突出并且轴向与上部模具部分接触而端接。第二组芯体在其余组辐条120或122之间形成第二组空隙14。该模具可推动被包覆的空气气泡朝向可排放所述气泡的位置迁移，由此消除成品物品中的空隙气泡	
黏合方法	CN1981011B	黏合剂组合物，其基于多异氰酸酯化合物和包含对所述多异氰酸酯的异氰酸酯基团具有反应性的官能团（尤其是羟基）的聚酯或乙烯基酯树脂。所述黏合剂组合物用于使固化的聚氨酯与未固化的二烯弹性体组合物结合，制造由机动车辆用的地面接触系统，特别是充气或非充气轮胎构成的橡胶制品的用途	
复合材料加工工艺	CN111989226A	在至少一种加强剂（B）与至少一种热塑性聚氨酯（A）之间的重量比在0.01∶1.0至1.0∶1.0的范围将至少一种热塑性聚氨酯（A）与至少一种主加强剂（B）共混，任选地在至少一种添加剂（D）存在的情况下，以获得可模制的加强型热塑性聚氨酯	
中间区段与外剪切带环连接方法	CN108778700B	构建和固化外剪切带环12以及内剪切带环18、32和38。内剪切带环18、32和38可在径向方向22上向内折曲一定量，从而使得当中间区段14、28和34被插入时所述内剪切带环18、32和38可插入外剪带环12中	

2. 从核心技术本身布局到外围功能优化、检测和智能车载应用

非充气轮胎不但可以针对结构、材料、工艺等核心技术的创新进行专利布局，也可以针对性能优化、轮胎性能检测和智能车载应用等外围技术的创新进行专利布局。

其中，米其林在中国的专利布局中，也涉及 NPT 轮胎性能优化、NPT 性能检测、智能 NPT 等相关专利，如图 3-13 所示。

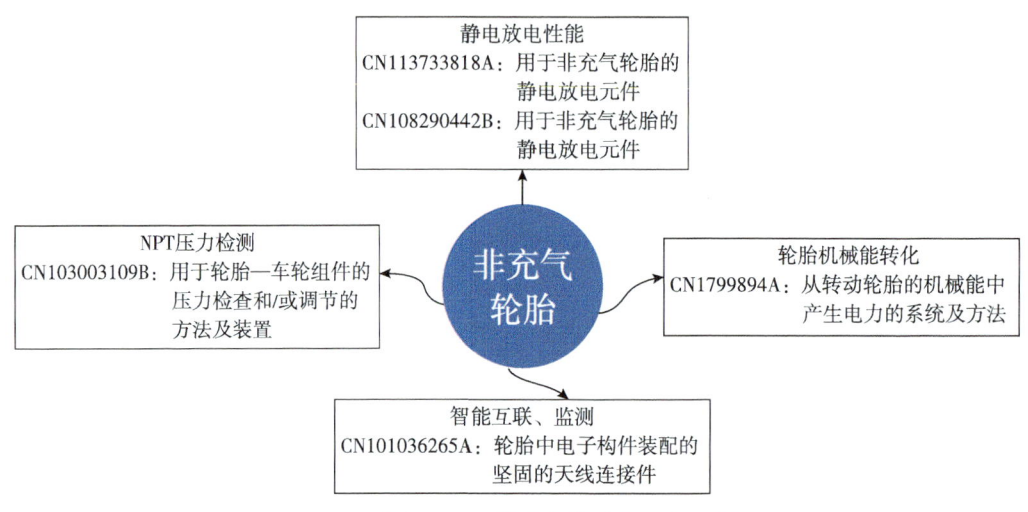

图 3-13 米其林公司非充气轮胎外围专利布局

3.2.4 米其林在中国的专利发明人分析

图 3-14 为米其林公司在中国的专利各技术分支发明人数量分布，从图中可知，在 NPT 结构、材料、工艺这三大核心技术领域的多位发明人为交叉发明人中，S·M·克龙、T·B·赖恩及 A·德尔菲诺在核心技术领域拥有多件专利，上述人员应是米其林 NPT 核心研发团队人员。此外，B·D·威尔逊在 NPT 结构及 NPT 制造设备领域也拥有多件专利。持续关注上述重点发明人的技术研发动态，可以了解 NPT 前沿技术的演进趋势。

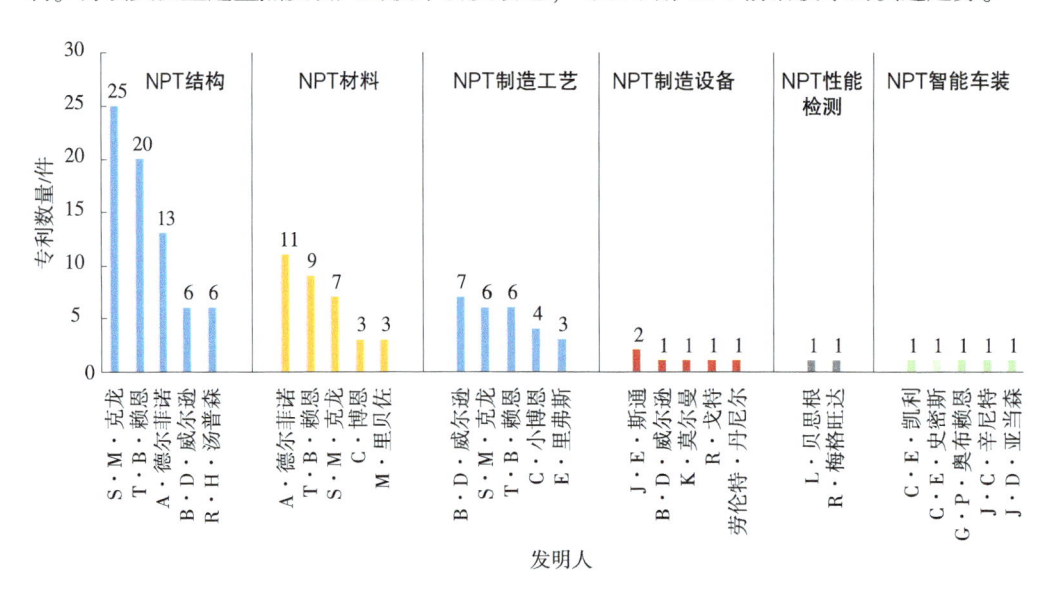

图 3-14 米其林公司在中国的专利各技术分支发明人排名

3.3 季华实验室非充气轮胎专利布局分析

季华实验室（先进制造科学与技术广东省实验室）是广东省委、省政府启动的首批4家广东省实验室之一。季华实验室非充气轮胎研究团队在2019年应运而生，本团队致力于国内NPT专用材料全链条自主开发和生产、NPT结构设计以及NPT加工成型技术研究。

3.3.1 季华实验室专利申请趋势及地区申请布局

截至2022年12月，检索到季华实验室非充气轮胎相关专利共39件。季华实验室在非充气轮胎领域专利申请布局趋势如图3-15所示。

图3-15 季华实验室非充气轮胎专利申请趋势

由图3-15可知，季华实验室在非充气轮胎领域布局专利开始于2019年，研发起步时间较晚，近几年，申请量逐步上升，处于技术和产品的研发期。

另外，季华实验室在非充气轮胎领域的专利布局均集中在国内，还未在其他国家或地区申请专利。这与大部分创新主体一样，在创始初期由于资源和人才的不足，初期专利布局策略较为简单，一般采用先在国内进行少而精的关键专利的路障式专利布局。随着企业研发的不断推进以及资金支撑，未来可以采用更密集和全面的专利布局策略，对创新技术形成更加严密的保护。

3.3.2 季华实验室专利类型及专利法律状态

对创新主体的专利申请类型和专利法律状态进行分析可以在一定程度上反映该创新主体的技术研发实力和对技术保护的关注程度，通常，技术研发较为密集或者市场开发潜力较大的创新主体，发明专利申请的布局比例也较大。

从图3-16环形图内环可知，季华实验室在非充气轮胎领域的发明专利申请为36

件，占总申请量的 92%，以此可以看出季华实验室属于研发实力较强的技术导向型创新主体。

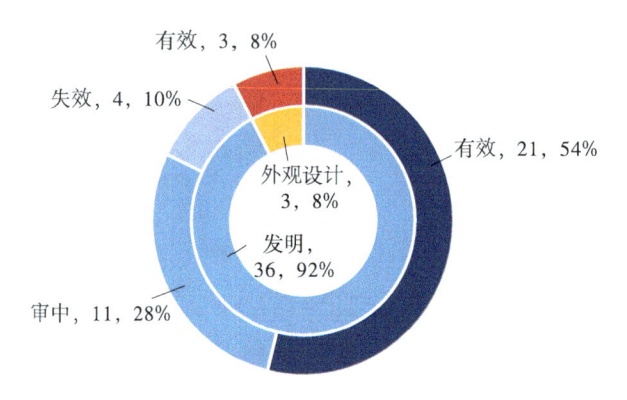

图 3-16 季华实验室专利类型及专利状态（单位：件）

环形图的外环表示不同法律状态下的不同类型专利数量，其中，3 件外观设计专利均授权且维持有效状态，36 件发明专利申请中有 21 件已授权且维持有效状态，11 件处于审查阶段，4 件处于失效状态，上述 4 件失效发明专利均是因驳回失效，未出现因缴费、视撤等问题导致的失效。

3.3.3 季华实验室专利技术分支和技术功效布局

如表 3-9 所示，从季华实验室现有的专利布局来看，其专利设计的技术领域包括 NPT 结构设计、NPT 材料、NPT 制造工艺、NPT 制造设备、NPT 性能检测和 NPT 智能车装。NPT 结构设计、NPT 材料和 NPT 制造工艺作为核心技术，布局专利较多，且均为发明专利。NPT 技术发展出的外围技术分支——智能车装匹配监测技术（NPT 智能车装）由于具有广泛的市场应用，也是季华实验室在非充气轮胎领域布局的重点。上述这些技术领域覆盖非充气轮胎行业的多个方面，形成了对非充气轮胎技术横向多方位保护的态势。另外，在 NPT 结构设计上衍生了降低 NPT 谐振噪声、增强 NPT 承载力的专利，以及在 NPT 材料领域衍生了增强 NPT 热稳定性的技术，上述细分技术方向上的专利布局满足了技术纵深发展的需求。

表 3-9 季华实验室非充气轮胎专利技术分布

技术领域	专利数量/件
NPT 结构	21
NPT 材料	6
NPT 制造工艺	9
NPT 制造设备	2

续表

技术领域	专利数量/件
NPT 性能检测	2
NPT 智能车装	7

从上述技术分支来看，季华实验室非充气轮胎团队的核心研发集中在 NPT 结构设计和 NPT 材料研发领域，针对 NPT 结构设计和 NPT 材料这两项技术，季华实验室的技术所达到的主要功效是优化承载力，提升缓冲减震性能，提高 NPT 散热、降温性能，延长使用寿命和保证行驶安全。具体技术功效专利分布情况见表 3-10。

表 3-10　季华实验室非充气轮胎专利技术功效分布

技术功效	专利数量/件
优化承载力，提升缓冲减震性能	12
提高 NPT 的散热、降温性能	7
延长使用寿命	4
保证行驶安全	3
提高排水能力以及抗湿滑性能	1
提高防爆性能	1
实现轮胎轻量化	1

3.4　山东玲珑轮胎股份有限公司非充气轮胎专利布局分析

山东玲珑轮胎股份有限公司（以下简称山东玲珑轮胎）成立于 1994 年 6 月 6 日，位于山东省烟台市招远市，是一家专业化、规模化的技术型轮胎生产企业。公司主导产品轮胎涵盖高性能轿车子午线轮胎、乘用轻卡轿车子午线轮胎、全钢载重子午线轮胎等 10000 多个规格品种，多年入围世界轮胎 20 强，中国轮胎前五强。拥有国家级企业技术中心和国家认可实验室，建设了噪声实验室、低滚动阻力实验室等前沿科研创新平台，组建了博士后工作站、院士工作站、哈工大玲珑轮胎研究中心。

3.4.1　山东玲珑轮胎专利申请趋势

截至检索日期，山东玲珑轮胎专利申请共有 23 件。该公司专利申请年度趋势和专利申请类型，如图 3-17 所示。

图 3-17 山东玲珑轮胎的专利申请态势

从图中可看出，山东玲珑轮胎于 2015 年开始非充气轮胎的专利申请，其研发介入时间比国外龙头企业晚。2015—2022 年共申请专利 23 件，专利申请量整体呈现震荡的趋势，出现明显的波峰形状，每年的申请量波动较大。2016 年和 2021 年分别达到峰值 8 件和 6 件专利。

山东玲珑轮胎在非充气轮胎领域的专利布局基本集中在国内，虽然有两件 PCT 专利（WO2022068832A1、WO2022073522A1），但均未进入其他国家的国家阶段。

3.4.2 山东玲珑轮胎专利类型及专利法律状态

对创新主体的专利申请类型和专利法律状态进行分析可以在一定程度上反映该创新主体的技术研发实力和对技术保护的关注程度，通常，技术研发较为密集或者市场开发潜力较大的创新主体，发明专利申请的布局比例也较大。

从环形图 3-18 的内环可知，山东玲珑轮胎在非充气轮胎领域的申请总量为 23 件，其中发明为 14 件，占总申请量的 60.87%，实用新型 9 件。其中，一案双申的发明和实用新型共 14 件。

图 3-18 山东玲珑轮胎的专利申请态势（单位：件）

环形图 3-18 的外环表示不同法律状态下的不同类型专利数量，其中，9 件实用新型专利中 8 件维持有效状态，另一件实用新型专利由于未缴费已失效。14 件发明专利申请中有 3 件已授权且维持有效状态，6 件处于审查阶段，3 件处于失效状态，上述 3 件失效发明专利均是因驳回失效，未出现因缴费、视撤等问题导致的失效，这也说明该公司非常重视发明专利的管理和保护。此外，还有两件发明专利处于 PCT 有效期内。

3.4.3 山东玲珑轮胎专利技术分支和技术功效布局

图 3-19 为山东玲珑轮胎的专利技术分布，从该图可知，其专利主要集中在 NPT 结构方面。2015 年开始布局关于非充气轮胎技术领域的专利，并在该年申请了 2 项关于 NPT 结构技术的专利，没有涉及其他领域。

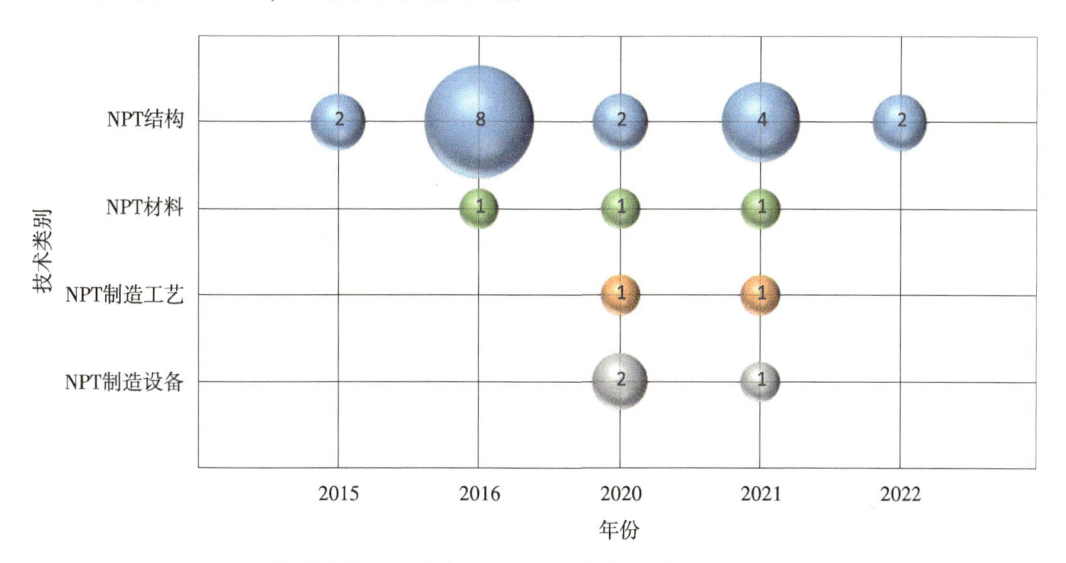

图 3-19 山东玲珑轮胎股份有限公司非充气轮胎专利技术分布（单位：项）

2016 年，除了 8 项涉及 NPT 结构的专利，还涉及 1 项 NPT 材料的专利布局，专利申请量也较 2015 年的专利申请量有了明显的提升。随后，经过几年的技术研究，山东玲珑轮胎在非充气轮胎领域取得更全面的研究成果，在 2020—2021 年的专利布局也更完善，涉及 NPT 结构、NPT 材料、NPT 制造工艺和 NPT 制造设备。其中，2015 年一案双申的案件 CN104669944A 及 CN204472454U 申请较早，被米其林、固特异、东洋橡胶、江淮汽车等各轮胎巨头以及国内高校引用，被引用次数较高的专利应为山东玲珑轮胎比较基础核心的专利，其中发明专利 CN104669944A 被驳回失效，实用新型 CN204472454U 目前仍在有效期内，具体方案见表 3-11。

表 3-11 实用新型专利 CN204472454U 具体方案

公开（公告）号	创新点	附图
CN204472454U	所述弹性连接部包括至少一个轮辐对，每个所述轮辐对包括左弧形辐条、右弧形辐条和连接板，所述左弧形辐条、右弧形辐条关于所述外侧圆环部的一个第一纵切面对称设置，所述左弧形辐条和所述右弧形辐条各自从所述内侧圆环部的径向外侧延伸至所述外侧圆环部的径向内侧；所述左弧形辐条与所述外侧圆环部的一个第二纵切面相切于左切线，所述右弧形辐条与所述外侧圆环部的一个第三纵切面相切于右切线；所述连接板自所述左切线与所述左弧形辐条相交处延伸至所述右切线与所述右弧形辐条的相交处。通过多个H形轮辐部沿圆周方向排列，提高轮胎对荷载的支承力，并且防止轮胎压缩时的屈曲，增加了轮胎的耐久性和寿命	

从技术功效来看，山东玲珑轮胎非充气轮胎专利技术的功效集中在提高支撑力、延长使用寿命方向，少部分专利的技术功效体现在提高缓冲和减震性能以及提高散热性能。

3.5 国内外重点创新主体非充气轮胎专利布局差异性对比分析

3.5.1 专利情况差异性

表 3-12 为国内外重点非充气轮胎领域企业的专利申请情况差异性分析。从表中可以看出，米其林公司在进入非充气轮胎领域的时间最早，其专利申请量也最多，高达914件，技术分支的布局也更全面。另外，由于米其林公司的轮胎产品远销海外、遍布全球，因此，其在国际上进行了比较完善的专利布局，尤其是在重点目标国家/地区。

表 3-12 重点创新主体非充气轮胎的专利申请情况

创新主体	成立年份	专利数量/件	申请区域	初审申请年份	年最大申请量/件
米其林公司	1889	914	全球	1962	112
季华实验室	2018	39	中国	2019	15
山东玲珑轮胎	1994	23	中国	2015	8

山东玲珑轮胎虽然比季华实验室早进行非充气轮胎的专利申请，但截至目前，山东玲珑轮胎的专利总量为23件，且里面包含多件一案双申的案件。另外，山东玲珑轮

胎虽然有两件 PCT 申请，但目前均未进入国外国家阶段。

季华实验室成立于 2018 年，因此，相较于米其林公司和山东玲珑轮胎，其专利申请较晚，而且目前专利均只在本土国中国进行了布局，并没有在国际上进行专利申请。但季华实验室在 2019—2022 年短短不到四年的时间已申请 39 件专利，而且技术分支布局较山东玲珑轮胎更为全面，可见其在非充气轮胎的强劲研发实力以及对专利布局的重视程度。

3.5.2 专利技术分支布局差异性

图 3-20 为国内外重点非充气轮胎领域企业专利布局差异性分析图。从图中可以看出，米其林公司、季华实验室和山东玲珑轮胎首先在 NPT 结构方面均进行了一定量的专利布局。另外，由图可知，三个创新主体的专利布局侧重点均在 NPT 结构技术分支，其是布局专利最多的技术分支，可见，NPT 结构设计在非充气轮胎领域的重要性。其次是 NPT 材料和 NPT 制造工艺，由此可见，季华实验室和国内外竞争对手在大的技术分支方向上的专利布局关注点基本一致。

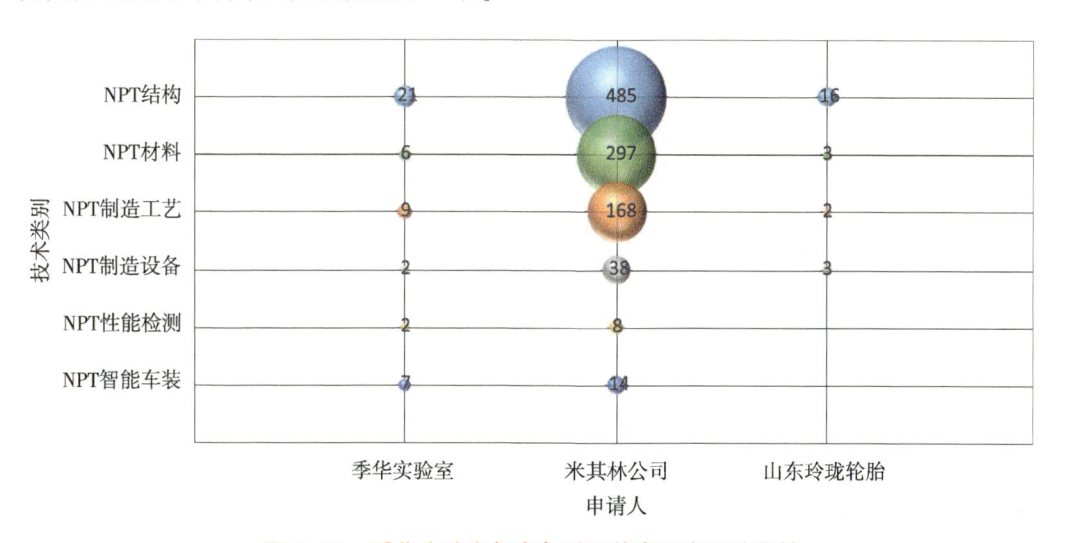

图 3-20　季华实验室与竞争对手的专利布局差异性

结合前面小节关于米其林公司、季华实验室和山东玲珑轮胎的分析可知，米其林在 NPT 结构分支的专利布局更为广泛。季华实验室和山东玲珑轮胎在 NPT 结构技术分支的具体专利布局比较相似，主要涉及 NPT 整体结构以及环形带、剪切带、弹性支撑体、轮辐等各部件的结构设计，而米其林公司的专利除了涉及上述 NPT 整体和各部件的结构，还布局了关于改进轮辋、轮毂、轮辐结构，实现支撑体、轮辋、轮辐、轮毂之间装配连接的轮胎装配连接专利。

在结构改进实现的技术效果方面，米其林公司、季华实验室、山东玲珑轮胎实现的技术效果主要体现在提高承载和缓冲减震性能。米其林公司在NPT结构上衍生出降低NPT谐振噪声、实现NPT静电放电功能等细分技术专利布局，而季华实验室和山东玲珑轮胎未涉及抑制谐振和实现NPT静电放电功能的专利布局。另外，季华实验室还布局了多项关于提高NPT散热降温性能、提高NPT排水抗湿性能以及防止异物进入轮胎的专利。而米其林公司和山东玲珑轮胎基本不涉及上述技术功效的专利布局。

在NPT材料方面，米其林公司布局了多项关于原材料的专利，如聚氨酯材料、金属丝、树脂、玻璃纤维等，涉及的原料更广泛。米其林公司针对部件之间的连接，还布局了多件关于黏合剂材料的专利（如CN1981011B、CN105939846B），另外，针对NPT静电放电功能，米其林公司还布局了关于静电放电材料的专利（如US20060102264A1：局部导电橡胶，US20090065114A1：无标志抗静电轮胎），而在黏合剂材料以及静电放电材料方面，季华实验室和山东玲珑轮胎没有相关的专利布局。而季华实验室在NPT材料方面，仅布局了两篇关于NPT原材料的专利（CN114230822A：植物纤维原位增强聚氨酯复合材料的制备方法，CN114195974A：一种聚氨酯预聚体及其制备方法、聚氨酯产品），山东玲珑轮胎也仅布局了两篇关于NPT原材料的专利（CN113493603A：一种用于3D打印的耐热聚氨酯材料及其制法和打印方法，CN114539644A：一种低噪声轮胎及其制备方法）。

在NPT制造工艺方面，米其林、季华实验室以及山东玲珑轮胎均涉及NPT支撑体、NPT环形带、NPT剪切带、NPT胎面等各组件的成型工艺、NPT零部件的连接工艺以及加工模具的研究设计。其中，山东玲珑轮胎布局了一篇将NPT制造工艺结合3D打印技术的专利（CN113493603A：一种用于3D打印的耐热聚氨酯材料及其制法和打印方法）。而季华实验室和米其林公司还没布局发明点为NPT的3D打印技术的专利。

NPT性能检测和NPT智能车装的专利属于NPT领域的外围专利。山东玲珑轮胎还未针对这两方面进行专利布局。米其林公司的NPT性能检测方面涉及阻力测试、轮胎均匀性校正、脱座试验、模拟轮胎滚动等，季华实验室的NPT性能检测方面主要涉及疲劳试验，NPT智能车装方面主要涉及通过弹性支撑段的挤压使发电机产生交流电来实现能量回收；另外，米其林公司和季华实验室均涉及非充气轮胎相关能量回收和转换技术，但米其林公司既涉及机械能向电能转换方式又涉及声能向电能转换方式，较季华实验室的布局更全面。

3.5.3 产品差异性

表3-13为上述重点企业的主要产品，其中米其林公司发布概念非充气轮胎的时间较早，2005年Tweel的发布是具有现代意义的新型非充气轮胎诞生的标志。Tweel非充气轮胎已应用于多种场合，如NASA月球车、载重机械、工程车辆等。2019年，米其

林公司与通用汽车公司合作推出了 Uptis 非充气轮胎，这款轮胎采用玻璃纤维填充的高强度树脂材料，在结构和复合材料方面实现了突破性创新，并计划于 2024 年前广泛应用于乘用车。

表 3-13 重点企业的主要产品

企业	产品1	产品2
米其林轮胎 MICHELIN	Tweel 非充气轮胎	Uptis 非充气轮胎
JHL 季华实验室 JI HUA LABORATORY	FS-NPT	
玲珑	3D 打印 PU 轮胎	3D 打印非充气轮胎

季华实验室于 2020 年研发出应用于微型乘用车的非充气轮胎 FS-NPT。

北京化工大学与山东玲珑轮胎联合开发了国内首款 3D 打印 PU 轮胎，轮胎采用热塑性 PU 材料，通过熔融沉积法完成打印，内部为正六边形空心结构。随后，吉林大学、北京化工大学、山东玲珑轮胎共同合作，采用 3D 打印技术制备了具有优异的操纵稳定性和低滚动阻力等性能的非充气轮胎。

从现有产品上看出，米其林现有产品种类最丰富，另外，由于其与各大汽车公司均有合作，因此米其林应该是最快将产品投入实际生产应用的，而山东玲珑轮胎和季华实验室的非充气轮胎距离量产和应用可能还需要一定时间。

第 4 章 非充气轮胎专利布局建议及意见

产业内专利的分布现状在一定程度上反映了该领域所受到的关注度和风险分布状况，非充气轮胎领域的全球专利布局以及竞争对手专利布局主要集中在非充气轮胎的结构、材料和制造工艺方面。非充气轮胎的结构、材料和制造工艺方面的专利集中度高，专利占比大，形成专利阻碍的风险比较大。因此，国内创新主体在进行专利布局时，需要考虑如果打破行业巨头对非充气轮胎的结构、材料和制造工艺的专利壁垒，并结合自身优势采用合适的专利布局方式。具体可以采用以下措施：①积极借鉴行业领先者技术，筛选出行业领先者或其竞争对手的具有参考价值的专利以供技术改进，规避其技术方案形成新的技术方案并进行专利布局。②可直接利用失效专利，由于米其林非充气轮胎专利布局较早，因此，其有很大一部分专利已经失效，国内创新主体可以选取非充气轮胎结构、材料和制造工艺技术相关的失效专利，提供技术参考。

分析非充气轮胎产业的专利分布的热点与空白点，通过以上章节对行业技术现状、重点企业的分析可知，非充气轮胎的专利布局最热点集中在非充气轮胎的整体结构设计，具体涉及非充气轮胎的环形带、剪切带、轮辐、支撑体的结构，其中米其林公司在上述结构分支也进行了高密度的专利布局；国内创新主体可以针对上述细分结构寻找专利挖掘切入点（如替代技术），对现有技术进行可专利化挖掘，围绕核心技术进行专利组合布局。

通过上述分析可知，国外龙头企业也存在外围专利布局的空白点，因此，国内应利用这种优势，进行外围专利布局，规划好技术发展路线，进行纵向和横向的延伸和布局，尽快完善专利布局，抢占先机。

对于在 NPT 结构上衍生出降低 NPT 谐振噪声结构设计，实现 NPT 静电放电功能结构设计，环形带、轮辋、轮辐、轮毂之间的装配结构设计，NPT 材料方向细分的黏合剂材料以及静电放电材料方面，NPT 制作与 3D 打印的新工艺技术以及智能 NPT 中实现声能向电能转化的技术等细分技术点，国内创新主体还未进行相应的专利布局。因此，国内创新主体可以基于自身研发技术的方向和对研发前景的研判，确定上述技术方向是否要进行重点关注和专利布局。

此外，国内创新主体在进行专利布局规划时要具有前瞻性，在专利部署上要瞄准未来市场中的技术控制力和竞争力。专利布局首先应该以创新主体自身的商业规划为基础，配合技术、产品和市场的发展。同时，国内创新主体还需要关注技术演进趋势、其重点关注的技术分支技术发展动态的外部因素变化，确立未来的技术热点和面临的威胁点，以此来确定专利挖掘布局的重点对象以及专利的组合形态。

谨慎选择海外布局。从地域上看，国内企业在海外专利布局方面还存在严重不足。在开展海外专利布局规划之初，国内创新主体应当分析和评议外部环境和内部条件要素，综合研判形势，根据参与市场竞争的需要，在全球范围内确定需要进行专利保护的区域，选择最有价值的市场来部署专利。另外，需要明确自身所需的合理专利数量和分布目标，使专利数量与未来市场规模相匹配，选择合适的海外专利申请途径。